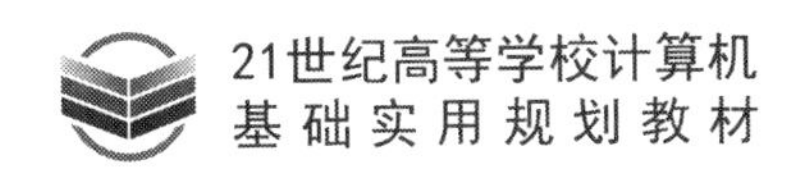
21世纪高等学校计算机
基础实用规划教材

计算机常用工具软件实用教程

◎ 徐广宇 韩勇 吴和群 主编　宁鹏飞 薛利 冉雪江 副主编

清華大學出版社
北京

内 容 简 介

本书编写过程中注重 RST 模式理念，即以需求为导向的公共计算机技能培养模式理念来设计教材体系，使得教材体系最大程度地符合社会发展对计算机技术的需求，符合其他专业领域对计算机相关技术的需求。本书从实用的角度出发，介绍了目前流行、实用且经过精心挑选、具有代表性、口碑好的数十种在工作、娱乐、学习和生活中经常涉及的工具软件，内容涵盖计算机日常应用过程中可以掌握的几乎所有计算机常用软件基础知识。本书文字简洁，步骤清晰，通俗易懂，方便实用，帮助读者轻松、迅速地掌握工具软件的下载、安装和正确使用。通过本书的学习，可以掌握计算机常用工具软件的基本使用方法，能较熟练地运用有关工具软件解决计算机应用过程中的实际问题。

本书突出案例教学，强调实际操作技能的掌握，书中包含大量案例，通过案例学习，读者可以真正掌握操作各种计算机常用软件的基本技能，真正实现“学以致用”的效果。

图书在版编目(CIP)数据

计算机常用工具软件实用教程/徐广宇，韩勇，吴和群主编. —北京：清华大学出版社，2021.1（2024.9重印）
21 世纪高等学校计算机基础实用规划教材
ISBN 978-7-302-57237-4

Ⅰ. ①计… Ⅱ. ①徐… ②韩… ③吴… Ⅲ. ①工具软件—教材 Ⅳ. ①TP311.56

中国版本图书馆 CIP 数据核字(2020)第 260573 号

责任编辑：闫红梅　薛　阳
封面设计：刘　键
责任校对：焦丽丽
责任印制：沈　露

出版发行：清华大学出版社
网　　址：https://www.tup.com.cn，https://www.wqxuetang.com
地　　址：北京清华大学学研大厦 A 座　　**邮　　编**：100084
社 总 机：010-83470000　　**邮　　购**：010-62786544
投稿与读者服务：010-62776969，c-service@tup.tsinghua.edu.cn
质量反馈：010-62772015，zhiliang@tup.tsinghua.edu.cn
课件下载：https://www.tup.com.cn，010-83470410
印 装 者：三河市少明印务有限公司
经　　销：全国新华书店
开　　本：185mm×260mm　　**印　张**：12　　**字　　数**：288 千字
版　　次：2021 年 3 月第 1 版　　**印　　次**：2024 年 9 月第 5 次印刷
印　　数：3501～4500
定　　价：39.00 元

产品编号：088399-01

前 言

随着5G、人工智能、大数据、云计算、物联网等新兴信息技术的快速发展，计算机技术在各个领域的应用也正在不断深入，这使得各个不同专业与计算机及相关技术的融合的趋势更加突显，在这样的大环境下，熟练使用计算机相关工具软件已经是目前社会对各专业人才的迫切要求。

本书结合当前计算机基础教学"面向应用，加强基础，普及技术，注重融合，因材施教"的教育理念，注重实用，通俗易懂，图文并茂，简略得当，介绍比较常用、使用性强、具有一定代表性并且流行的工具软件，力求使学生在掌握计算机基础知识的同时，培养实际应用计算机的能力，真正达到学以致用的目的。

本书内容涉及计算机应用过程中需要基本掌握的"网上云"办公工具软件、文本工具软件、图像工具软件、影音播放软件、文件工具软件、语音与语言工具软件、系统工具软件、安全防护软件。计算机工具软件版本更新快，实践性强，因此本书尽量选用比较新且稳定的版本，理论结合实践地加以阐述，以便提高学生对不同版本软件的适应能力和实际应用能力。本书既适合作为高校各专业的本专科教材使用，也可以作为计算机爱好者和办公人员学习计算机相关软件的教程使用。

本书的特色之处在于以RST模式理念，即以需求为导向的公共计算机技能培养模式理念来设计教材体系，使得教材体系最大程度上符合社会发展对计算机技术的需求，符合其他专业领域对计算机相关技术的需求。教材具有较好的操作性，每节后面都提供简单的教学案例，从而实现"以教学案例构建的任务为主线，教师为主导，学生为主体"、理论与实践紧密结合的教学模式；在每章后面都提供了习题，加强理论引导。

全书共分为9章：第1章绪论；第2章"网上云"办公工具软件；第3章文本工具软件；第4章图像工具软件；第5章影音播放软件；第6章文件工具软件；第7章语音与语言工具软件；第8章系统工具软件；第9章安全防护。

本书编写组由6位教师组成，徐广宇编写了第1、9章，韩勇编写了第5章，吴和群编写了第3、8章，宁鹏飞编写了第6章，薛利编写了第2、4章，冉雪江编写了第7章。本书由徐广宇、韩勇、吴和群任主编，宁鹏飞、薛利、冉雪江任副主编。主编对全书进行了统稿、修改和校对。

限于编者的学识、水平有限，书中疏漏和不当之处敬请读者不吝斧正。

编　者

2020年12月

目　录

第1章 绪　论

相关知识背景

计算机学科从某种意义上讲是一门工具学科，其作为工具学科在各个专业领域的应用正在不断深入，计算机常用工具软件课程作为该学科在其他领域应用的主要形式之一，计算机常用工具软件的课程体系应该更加符合社会发展对计算机技术的需求，应该符合其他专业领域对计算机技术的需求，计算机常用工具软件课程体系应注重以需求为导向的公共技能培养。

软件分为两类：系统软件和应用软件。常用工具软件基本上都属于应用软件的范畴。本章介绍以需求为导向的公共技能培养的内涵、计算机常用工具软件的常识、获取、安装、卸载等知识点。

主要内容：

☞ 以需求为导向的公共技能培养

☞ 初识计算机常用工具软件

1.1 以需求为导向的公共技能培养

教育部《关于进一步加强计算机基础教学的意见(白皮书)》中有如下描述。

(1) 掌握一定的计算机软硬件基础知识；具备使用计算机实用工具处理日常事务的基本能力；具备通过网络获取信息、分析信息、利用信息，以及与他人交流的能力。

(2) 具备使用数据库等工具对信息进行管理、加工、利用的意识与能力(信息化社会对大学生的基本要求)。

(3) 具备使用典型的应用软件和工具来解决本专业领域中问题的能力。

第(3)点是对大学生计算机应用能力最基本、最重要的要求，也就是在工作、学习、生活中遇到问题的时候，能够使用信息化手段去解决自己的问题。传统的以教师为主体的公共课计算机教学很容易忽视大学生的自主学习能力，更容易忽视其自主创新能力。学生对知识层面的掌握还可以，但技能方面却很欠缺，主要表现在：无法将所学到知识应用到实际生活中；当碰到问题的时候无法自己处理；缺乏自学能力和举一反三的能力等。

1.1.1 RST模式概述

RST教学模式，定义为以需求为导向的公共计算机技能培养模式，R、S、T为其中三个重要内容，分别代表Require(需求)、Search(搜索)、Try(尝试)。其中，需求是学习的源动力，也是创造之源，搜索和尝试是两种重要的方法途径，学会自主学习、合作学习以解决需求是根本目的。RST 教学模式致力于通过课程教学改革以提高学生使用计算机解决实际问题的能力,其基本思路是:以需求为导向,以网络为依托,当学生遇到各种现实需求时,通过对问题的分析思考(需求分析),通过使用网络搜索等方式解决问题。

1.1.2 课程学习实践方法

通过本课程的学习,会发现有很多工作是可以通过相应计算机工具软件来完成的,是有提高效率、减轻工作强度、优化办事流程等需求的,这时应该搜索相应的计算机工具软件,并尝试通过相应计算机工具软件来完成。在学习的过程中,发现需求(Require)、搜索相应软件(Search)、尝试解决问题(Try),整个过程如果一次未实现还可能往复多次,直至最终问题得以解决。

1.2 初识计算机常用工具软件

1.2.1 计算机常用工具软件常识

软件分为系统软件和应用软件两类。系统软件是为了对计算机的软硬件资源进行管理、提高计算机系统的使用效率和方便用户而编制的各种通用软件,一般由计算机生产厂商提供。常用的系统软件有操作系统、系统服务程序、程序设计语言和语言处理程序等。应用软件是指专门为某一应用目的而编制的软件,常用的应用软件有文字处理软件、表处理软件、计算机辅助软件、实时控制与实时处理软件、网络通信软件等,以及其他各行各业的应用软件。

1. 系统软件

系统软件是管理、监督和维护计算机软硬件资源的软件。系统软件的作用是缩短用户准备程序的时间,控制、协调计算机各部件,扩大计算机处理程序的能力,提高其使用效率,充分发挥计算机各种设备的作用等。系统软件主要包括操作系统、系统维护程序、诊断系统程序、服务程序、各种程序设计语言和语言处理程序等。

2. 应用软件

应用软件指专门为解决某个应用领域内的具体问题而编制的软件。它涉及应用领域的知识,并在系统软件的支持下运行,由软件厂商提供或用户自行开发,如财务管理系统、仓库管理系统、字处理、电子表格、绘图、课件制作、网络通信等软件。

1.2.2 计算机常用工具软件版本介绍

软件版本的分类根据不同的分类依据有多种分类结果,例如,根据软件是正式推出还是在测试阶段可分为正式版和测试版;根据是否收费可分为收费版本和免费共享版本;此外,还会根据提供的功能多少分为普通版本和旗舰版本等。

1.2.3 计算机常用工具软件的使用

1. 软件的获取

软件可以通过以下 3 种方法获取。

1）通过官方网站下载

大多数正规的工具软件会有自己的官方网站，而且会将软件的体验版、测试版或正式版放到网站上，供用户免费下载。例如，http://www.360.cn 是 360 系列产品的官方网站，可以很方便地从该网站下载 360 产品的各种版本。

2）通过第三方网站下载

除了官方网站之外，还存在很多的第三方软件网站，可以提供各种免费软件或共享软件的下载。例如，在百度搜索“QQ 下载”，除了可以选择从腾讯 QQ 的官网下载该软件之外，也可以选择百度软件中心、太平洋下载、下载之家、绿茶软件园和 PC 下载网等网站下载。

3）购买

用户也可以选择到零售商处购买或在线购买软件，购买各类软件的零售光盘或者授权许可序列号。

2. 软件的安装

应用程序的安装与复制不同，在安装相应软件的过程中会根据计算机的环境进行相应的配置。大部分软件在使用前都必须进行安装，才可以正常使用。

大多数应用程序都有自己的安装程序，只要运行应用程序的安装程序，根据提示信息，就可安装好应用程序。如何添加程序取决于程序的安装文件所处的位置。通常，程序从 CD、DVD 或从网络安装。

1）从 CD 或 DVD 安装程序

将光盘插入计算机，然后按照屏幕上的说明操作。从 CD 或 DVD 安装的许多程序会自动启动程序的安装向导。如果程序不自动开始安装，则检查程序附带的信息。该信息可能会提供手动安装该程序的说明。如果无法访问该信息，还可以浏览整张光盘，然后打开程序的安装文件(通常为 Setup.exe 或 Install.exe)。

2）从 Internet 安装程序

用户也可以选择到零售商处购买或在线购买软件，购买各类软件的零售光盘或者授权许可序列号。

在 Web 浏览器中，单击指向程序的超链接，然后执行下列操作之一。

若要立即安装程序，可单击“直接打开”或“运行”按钮，然后按照屏幕上的指示进行操作。

若要以后安装程序，可单击“保存”按钮，然后将安装文件下载到计算机上。做好安装该程序的准备后，双击该文件，并按照屏幕上的指示进行操作。如果下载的是压缩的安装包，需要解压缩后运行安装文件，按照提示操作，完成安装。

【案例 1-1】 下载图像处理软件 ACDSee 并安装。

案例实现：

(1) 选择官网下载，地址为 http://cn.acdsee.com/，单击“免费下载”按钮后，打开如图 1-1 所示的“新建下载任务”对话框。

(2) 单击“下载”按钮，下载到指定位置；这里单击“直接打开”按钮，下载软件到指定位置并进入安装界面，如图 1-2 所示。

(3) 按照提示操作，安装类型选择“完全”安装即可。

(4) 也可以在 360 软件管家中搜索该软件进行安装。

图 1-1　下载软件

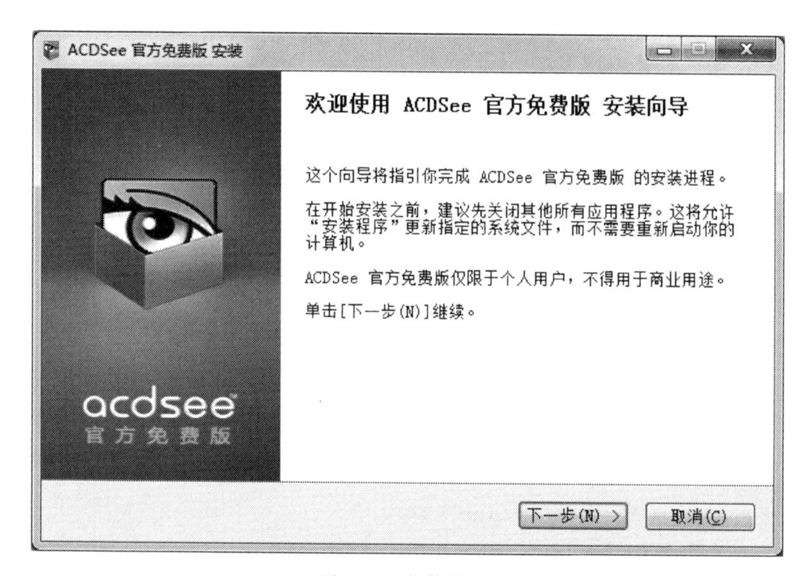

图 1-2　安装界面

3）软件的卸载

由于在安装软件时对操作系统进行了相应的配置，因此必须使用卸载程序卸载相应的软件，否则会在系统中留下许多残留信息。

在控制面板中选择查看方式为“类别”，单击“程序”类别中的“程序和功能”图标，打开“程序和功能”窗口，如图 1-3 所示，在列表框中选择要卸载的程序名，之后单击列表上方的“卸载/更改”按钮即可。

卸载软件也可以用工具软件来完成，例如，用 360 软件管家就可以方便地卸载软件，还可以清除或粉碎一些删除不掉的软件残留。

【案例 1-2】 卸载 ACDSee 软件。

案例实现：

(1) 在控制面板中选择查看方式为“类别”，单击“程序”类别中的“程序和功能”图标，打开“程序和功能”窗口，在列表框中选择要卸载的 ACDSee，如图 1-4 所示。

(2) 单击列表上方的“卸载/更改”按钮，按提示操作即可。

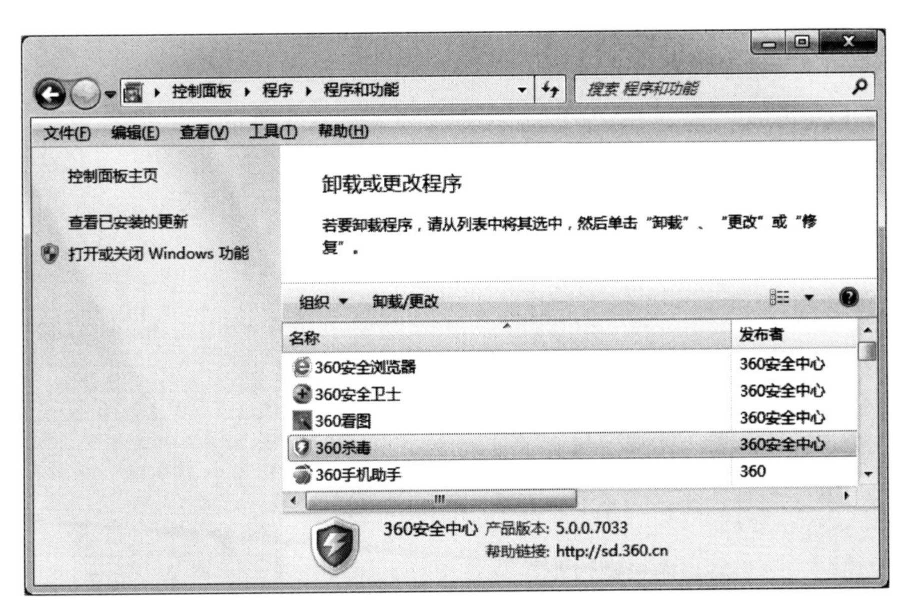

图 1-3 “程序和功能”窗口

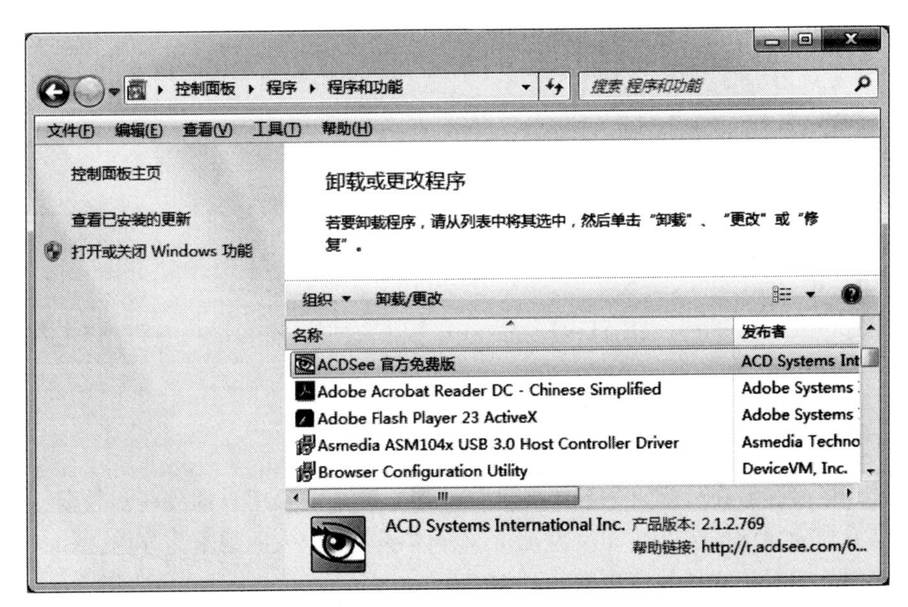

图 1-4 卸载 ACDSee 界面

习　题

一、单选题

1. 下列(　　)不是系统软件。

   A. 操作系统　　B. 系统服务程序

   C. 语言处理程序　　D. 表格处理软件

2. 下列(　　)不是应用软件。

A. 文字处理软件　　B. 表格处理软件

C. 网络通信软件　　D. 语言处理程序

3. 下列(　　)不属于系统检测工具软件。

A. 驱动程序　　B. 硬盘分区和测速

C. 优化大师　　D. 防火墙

4. 下列(　　)不属于安全类工具软件。

A. 驱动程序　　B. 金山猎豹　　C. 360 杀毒　　D. 防火墙

5. 下列(　　)不属于网络应用类工具软件。

A. 浏览器　　B. ACDSee 软件　　C. 网络云盘　　D. 下载软件

6. 下列(　　)不属于图形图像类工具软件。

A. Photoshop 软件　　B. ACDSee 软件

C. SnagIt 软件　　D. 弹幕软件

7. 下列(　　)不属于图形图像类工具软件。

A. Photoshop 软件　　B. 美图秀秀

C. 暴风影音　　D. 光影魔术手

8. 下列(　　)不属于媒体类工具软件。

A. 爱奇艺影音　　B. 优酷视频

C. 暴风影音　　D. 光影魔术手

9. 软件获取的途径有(　　)。

A. 购买　　B. 官网下载

C. 第三方网站下载　　D. 以上都对

10. 软件可以从(　　)安装。

A. CD　　B. DVD　　C. 网络　　D. 以上都对

二、判断题

1. 一个完整的计算机系统是由各类硬件系统构成的。(　　)

2. 软件是计算机系统的物质基础。(　　)

3. 软件是指存储在计算机的各级各类存储器中的系统及用户的程序和数据。(　　)

4. 以需求为导向的公共技能培养是指课程体系应以个人的需求为导向。(　　)

5. 软件分为系统软件和应用软件两类。(　　)

6. 常用的应用软件包括操作系统、系统服务程序、程序设计语言和语言处理程序等。(　　)

7. 常用的系统软件有文字处理软件、表处理软件、计算机辅助软件等。(　　)

8. 应用软件指专门为解决某个应用领域内的具体问题而编制的软件。(　　)

9. 系统软件是管理、监督和维护计算机软硬件资源的软件。(　　)

10. 工具软件就是指在使用计算机进行工作和学习时经常使用的软件。(　　)

第 2 章 “网上云”办公工具软件

相关知识背景

网络的迅速发展，5G 时代的到来，使得数据传输提升到一个新速率，网上协同办公已经成为一种新的高效的办公模式。数据的上传和下载是必不可少的两个过程，这就产生了许多共享软件和下载软件。

主要内容：

☞ 坚果云的使用

☞ TeamViewer 的使用

☞ 百度网盘的使用

☞ 迅雷的介绍及操作

☞ Serv-U 的介绍及操作

☞ 搜索引擎的使用

2.1 坚 果 云

上海亦存网络科技有限公司出品的坚果云是一款便捷、安全的专业网盘产品，通过文件自动同步、共享、备份功能，为用户实现智能文件管理，提供高效办公解决方案。坚果云产品分为面向个人用户的免费版、专业版和面向企业/团队用户的团队版（公有云）、企业版（私有云），满足用户的不同需求。

坚果云全平台覆盖，支持 Windows、Mac OS、Linux、iOS（iPad 及 iPhone）、Android、Windows Phone、Web 七大系统。安装客户端后即可在计算机、平板电脑、手机、网页之间实现互联，随时随地访问文件。

坚果云采用网银级别的 AES-256 加密技术，不会被破解文件，最大程度保障文件安全。支持微信二步认证或谷歌二次验证，即便密码泄露，账号安全仍有保障。坚果云已获得专业机构安全认证。

登录 www.jianguoyun.com 页面，注册分为个人用户和团队用户两种，如图 2-1 所示。

个人创建账号需要填写邮箱和设置登录密码，下一步需要填写手机号码和验证码，最后填写称呼，注册就完成了。

使用邮箱登录后需要设置同步文件存放位置，如图 2-2 所示。

也可以下载坚果云客户端，打开客户端将出现以下界面，如图 2-3 所示。

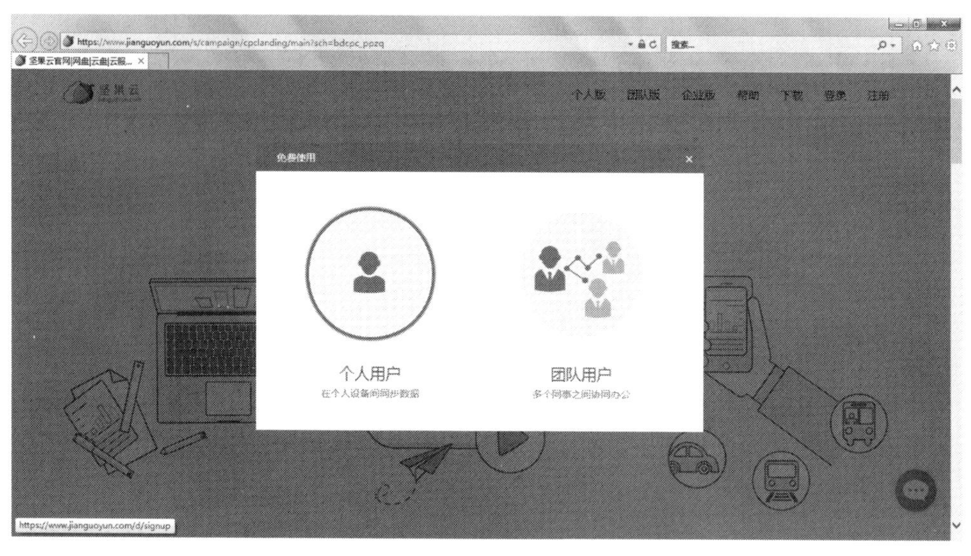

图 2-1　坚果云注册页面

图 2-2　坚果云设置向导

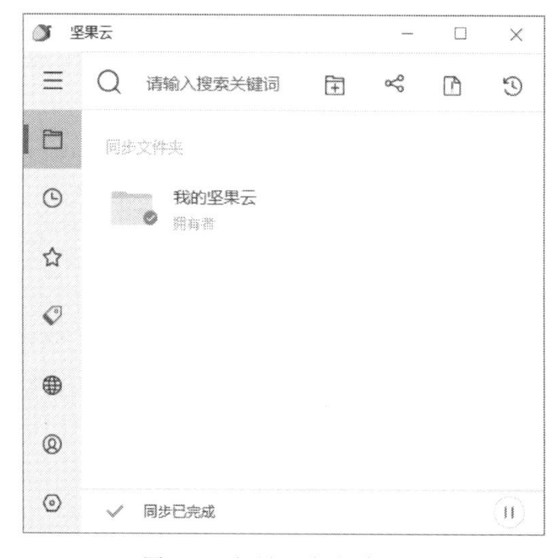

图 2-3　坚果云客户端界面

2.1.1　同步文件夹

坚果云是一款非常易用的文件管理系统，可以全自动地帮助用户共享文件、备份资料、随时随地移动办公。用户只需单击鼠标，就能同步计算机上的任意文件夹，不改变计算机使用习惯，上手简单易学。

如果一个项目或部门需要频繁地交换文件，坚果云会把文件夹同步到服务器中，同时也可以同步到其他成员的计算机中。这样，团队所有人的计算机上都会有一个一模一样的文件夹。一个人修改了里面的文件，其他人的计算机里面的这个文件也会跟着修改。

选择文件夹后右击，在弹出的快捷菜单中，坚果云提供“同步该文件夹”和“邀请他人同步”两个选项，如图 2-4 所示。

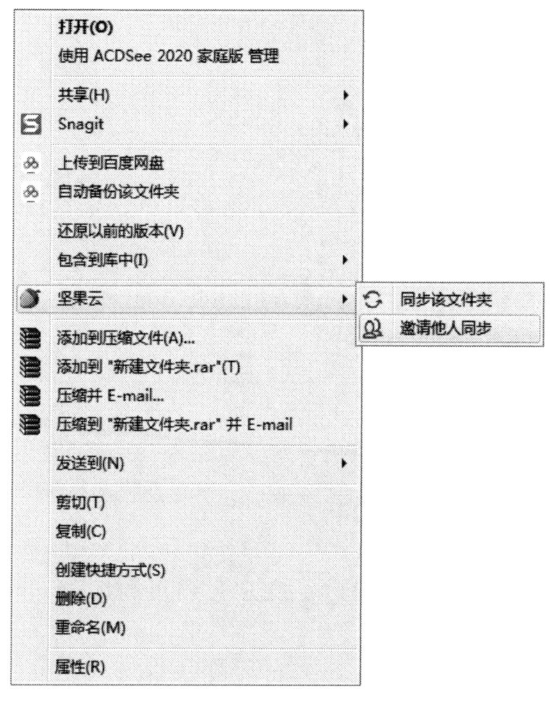

图 2-4　坚果云快捷菜单中的选项

1. 同步该文件夹

选择“同步文件夹”，如图 2-5 所示，单击“完成”按钮，即可在坚果云中查看同步的文件夹。

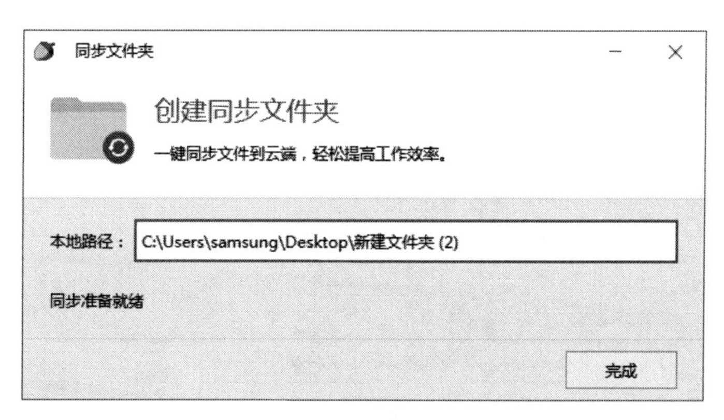

图 2-5　创建同步文件夹

2. 邀请他人同步

选择“邀请他人同步”，如图 2-6 所示，下一步需要添加对方邮箱，同时可以设置权限，如图 2-7 所示。

坚果云也将通过邮件通知双方同步进展，如图 2-8 所示。

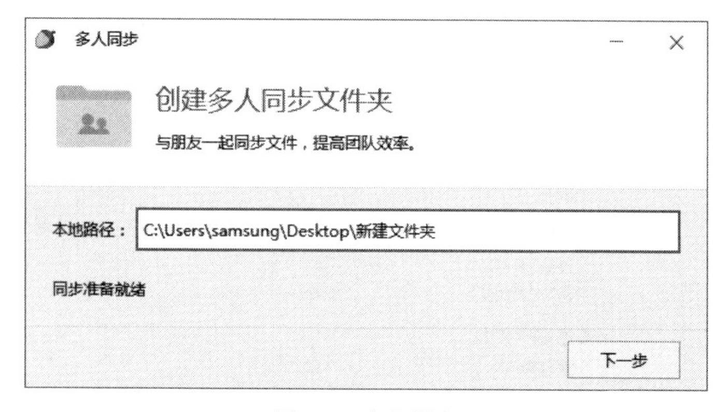

图 2-6　多人同步

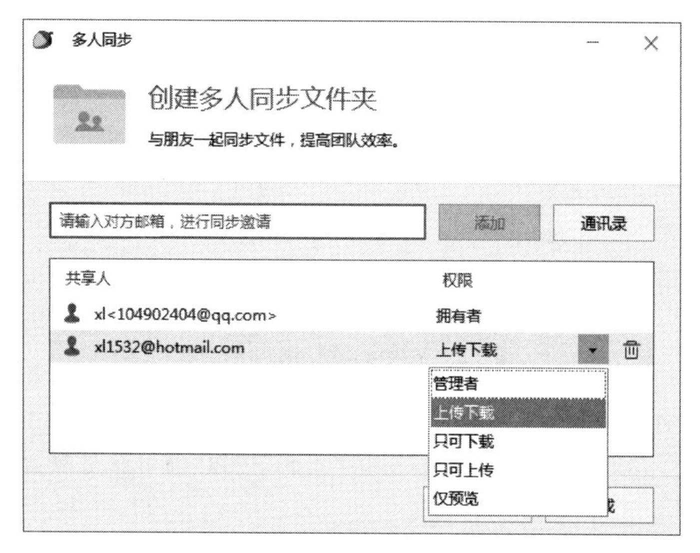

图 2-7　多人同步设置

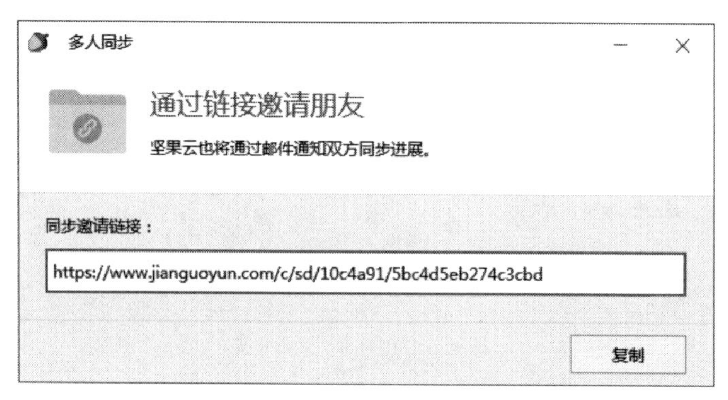

图 2-8　通过超链接邀请朋友

2.1.2　同步文件

"同步文件"就是让两个地方的文件保持一致。当一个用户同步了一个文件夹，坚果云就可以把这个文件夹里面的所有文件同步到服务器存储起来，这样，用户计算机里面的文件夹有什么文件，坚果云的服务器里面也存储相同的文件。当用户修改了文件，坚果云的服务器中对应文件也跟着做了修改。

选择文件，单击右键，在弹出的快捷菜单中选择“发送到坚果云”命令，如图 2-9 所示。

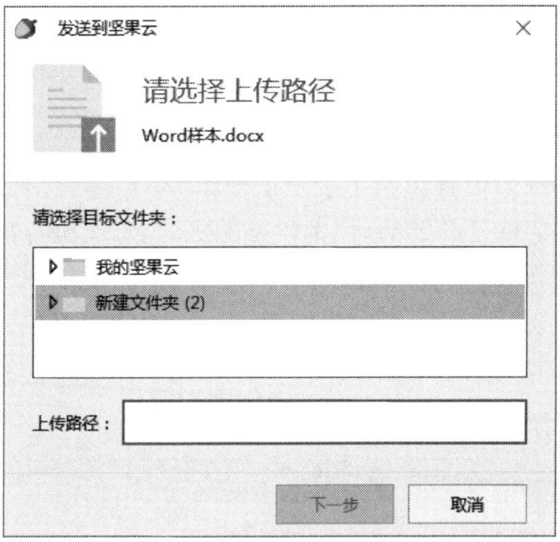

图 2-9　同步文件

需要选择上传的路径，处理成功即可在坚果云中查看文件。

另外，如果用户删除同步的本地文件夹，会有如图 2-10 所示提示。

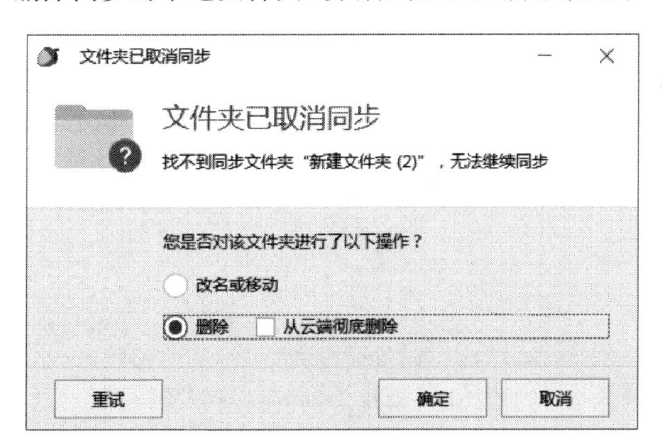

图 2-10　取消同步提示

2.2　TeamViewer 远程软件

2.2.1　TeamViewer 简介

TeamViewer 是全面的远程访问、远程控制及远程支持解决方案，几乎适用于所有桌面和移动平台，包括 Windows、Mac OS、Android 及 iOS。TeamViewer 让用户能够远程访问位于世界各地的计算机或移动设备，且操作如行云流水，好像近在眼前。此外，通过坚果云安全的全球远程访问网络，还可随时随地远程连接到服务器、商用级机器及 IoT 设备。

TeamViewer 是一个能在任何防火墙和 NAT 代理的后台用于远程控制的应用程序，是桌面共享和文件传输的简单且快速的解决方案。为了连接到另一台计算机，只需要在两台计算机上同时运行 TeamViewer 即可，而不需要进行安装(也可以选择安装，安装后可以设置开机运行)。该软件第一次启动即在两台计算机上自动生成伙伴 ID。只需要输入伙伴的 ID 到 TeamViewer 中，然后就会立即建立起连接。

2.2.2 TeamViewer 基本操作及实例

要进行远程控制，首先双方计算机都必须运行 TeamViewer。TeamViewer 的服务器会自动分配一个 ID 和密码，ID 是固定的，但密码是随机的，每次执行都会不同。左边是 ID 和密码(若是对方要主动连接你，要将此信息告诉对方)，在右边输入对方的 ID (连续输入不用空格)就可以连接对方了。

另外，还可以使用邮箱注册自己的 TeamViewer 账号(如图 2-11 所示)，这样可以方便管理连接伙伴。

图 2-11　创建 TeamViewer 账号

在最新版本当中加入了可以设置个人密码的功能，在密码的输入框中，可以看到密码选项，设置个人密码。这样，只要记住 ID 和密码，以后不论是登录还是退出，密码都是不变的，更加方便。

下载运行 TeamViewer_Setup_zhcn.exe。

可以选中"安装"单选按钮；如果使用少也可以选中"仅运行"单选按钮，用途选中"个人/非商务用途"单选按钮，如图 2-12 所示。

选择软件要安装的路径，下列三个选项可根据实际需要来选择。如果仅仅是用于远程控制的话可以都不选。

安装完成后运行软件，软件会自动生成 ID 和密码。密码是在每一次运行后随机生成

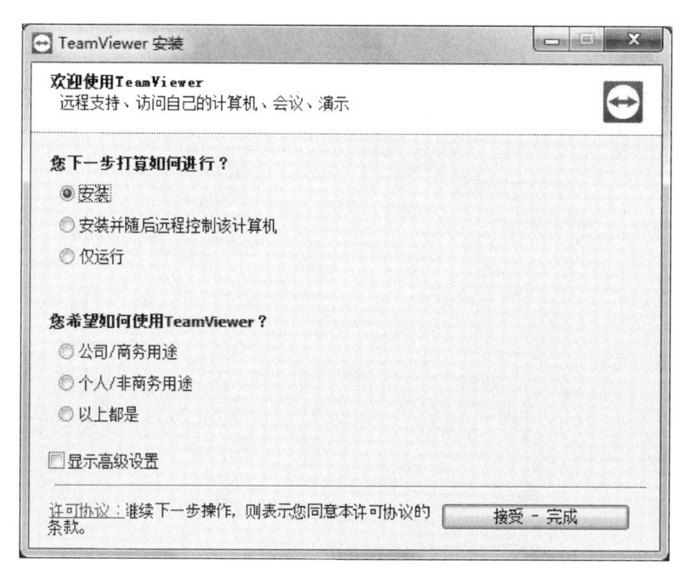

图 2-12　TeamViewer 安装选项

的。在“伙伴 ID”里面输入对方的 ID 号，然后单击“连接”按钮，即可远程连接到对方计算机。这里可以选择“文件传输”进行传递文件或者“远程控制”，如图 2-13 所示。

图 2-13　TeamViewer 远程控制窗口

还可以通过 TeamViewer 进行聊天，输入电子邮件账号和密码登录后即可，如图 2-14 所示。

当然，平时如果使用比较多，可以在“其他”菜单中设置无人值守访问，设置密码即可，如图 2-15 所示。

图 2-14 TeamViewer 聊天界面

图 2-15 TeamViewer 选项

2.3 百度网盘

2.3.1 百度网盘简介

百度网盘隶属于北京百度网讯科技有限公司，百度网盘（原百度云）是百度推出的一项云存储服务，已覆盖主流 PC 和手机操作系统，包含 Web 版、Windows 版、Mac OS 版、

Android 版、iPhone 版和 Windows Phone 版。

用户可以轻松地将自己的文件上传到网盘上，并可跨终端随时随地查看和分享。

2.3.2 百度网盘的使用

百度网盘需要注册百度账号，注册时需要填写手机号码、用户名、密码和验证码，如图 2-16 所示。

图 2-16 百度网盘注册页面

注册成功后，可登录百度网盘的客户端，也可以使用微信、微博或登录 QQ，如图 2-17 所示。

图 2-17 百度网盘登录窗口

登录成功后，如图 2-18 所示。

可以直接使用右键菜单将本地文件或者文件夹上传到百度网盘，也可以使用百度网盘客户端上传。同时也可以从百度网盘下载文件或者分享文件，如图 2-19 所示，分享可以设置提取码和有效期，单击“创建链接”会生成提取码及二维码，如图 2-20 所示。

图 2-18　百度网盘客户端界面

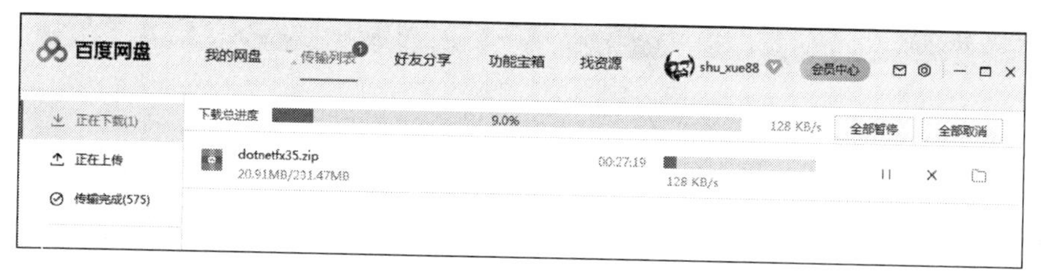

图 2-19　文件传输窗口

图 2-20　分享文件超链接

可以设置隐藏空间，创建二级密码以保护空间的安全，如图 2-21 所示。

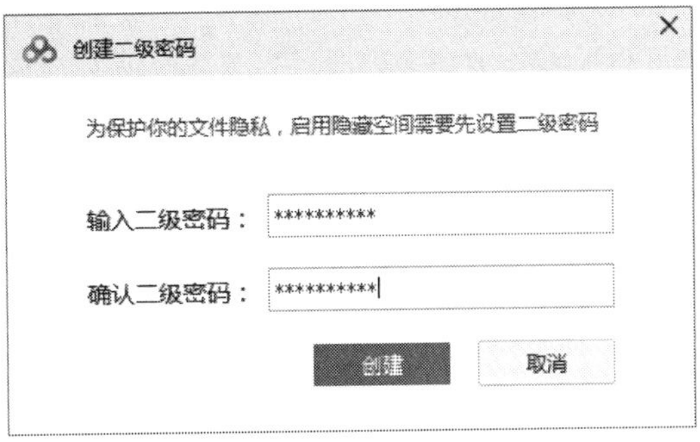

创建二级密码

为保护你的文件隐私，启用隐藏空间需要先设置二级密码

输入二级密码：**********

确认二级密码：**********

创建　取消

图 2-21　创建二级密码

2.4　迅　　雷

2.4.1　迅雷简介

迅雷是深圳市迅雷网络技术有限公司开发的一款基于多资源超线程技术的下载软件，如图 2-22 所示。作为“宽带时期的下载工具”，迅雷针对宽带用户做了优化，并同时推出了“智能下载”的服务。迅雷利用多资源超线程技术，基于网格原理，能将网络上存在的服务器和计算机资源进行整合，构成迅雷网络，通过迅雷网络，能够传递各种数据文件。多资源超线程技术还具有互联网下载负载均衡功能，在不降低用户体验的前提下，迅雷网络可以对服务器资源进行均衡。

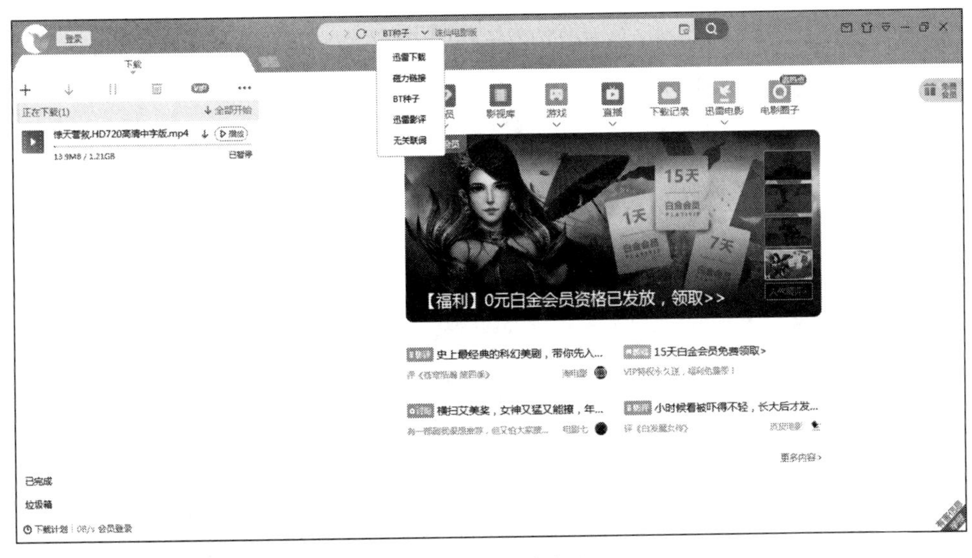

图 2-22　迅雷界面

2.4.2　迅雷基本操作及实例

“登录”按钮在迅雷界面的顶端左侧，单击后打开登录的对话框，如图 2-23 所示。迅雷

提供多种登录渠道，例如，账号登录、手机快捷登录以及微信、QQ、新浪微博和支付宝登录等。

顶端中间是搜索框，可以选择分类搜索，有迅雷下载、磁力链接、BT 种子、迅雷影评和无关联词五类。迅雷使用的是百度搜索引擎，直接输入网址、电影等关键词就可以在迅雷窗口中打开百度页面。右侧是社区、个性化中心、主菜单和三个窗口操作基本按钮。

可以通过添加下载超链接在下载窗口新建任务（如图 2-24 所示）。一般可下载资源会提供迅雷下载按钮，可直接单击下载，也可以复制地址，迅雷会自动关联剪贴板生成新任务。

图 2-23　迅雷账户登录窗口

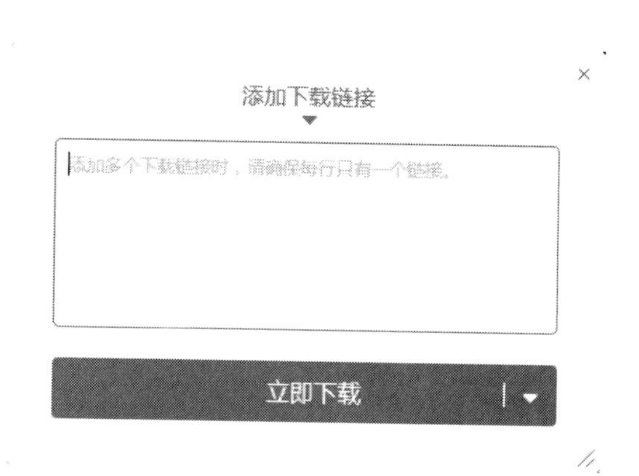

图 2-24　通过超链接新建下载任务

迅雷窗口顶端的右侧有社区（如图 2-25 所示）、个性化中心（如图 2-26 所示）、主菜单（如图 2-27 所示）和窗口操作按钮。

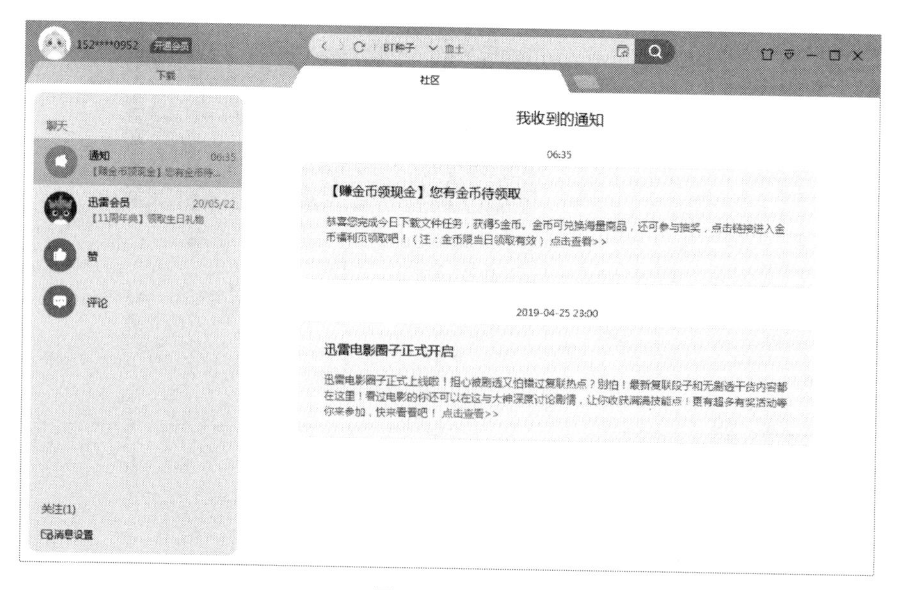

图 2-25　社区

图 2-26 个性化中心

新建下载(N) Ctrl+N
导入未完成下载
下载诊断工具
书签
开机启动
设置中心
帮助反馈中心
检查更新
获取个性化迅雷X
更多
退出(X)

图 2-27 主菜单

从主菜单可以进入设置中心，可以设置默认的下载目录，可以设置接管剪贴板和浏览器，还可以设置下载任务数，以及下载完成后的操作，如图 2-28 所示。

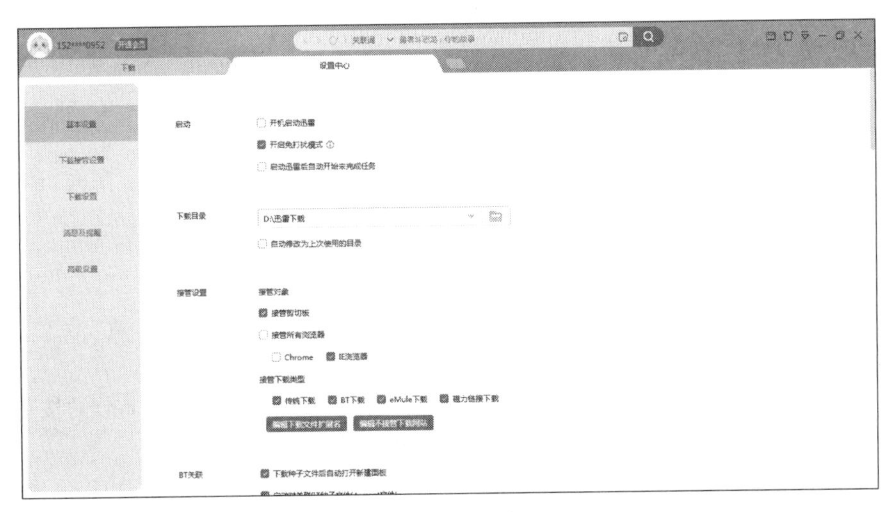

图 2-28 设置中心

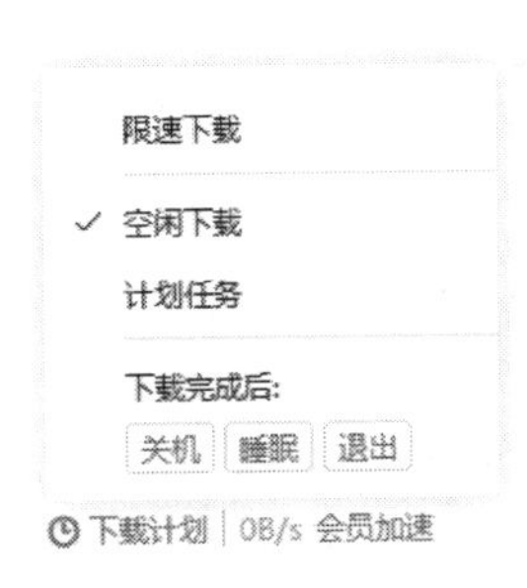

图 2-29 下载计划

窗口的左下角有“下载计划”按钮，包括限速下载、空闲下载、计划任务。下载完成后可以选择关机、睡眠或是退出迅雷，如图 2-29 所示。

(1) 限速下载：可以调整下载和上传的速度，同时可以设置限速下载的时段，如图 2-30 所示。

(2) 计划任务：可以设定好时间后，实现关机、睡眠或退出迅雷，也可以开始或暂停全部任务，如图 2-31 所示。

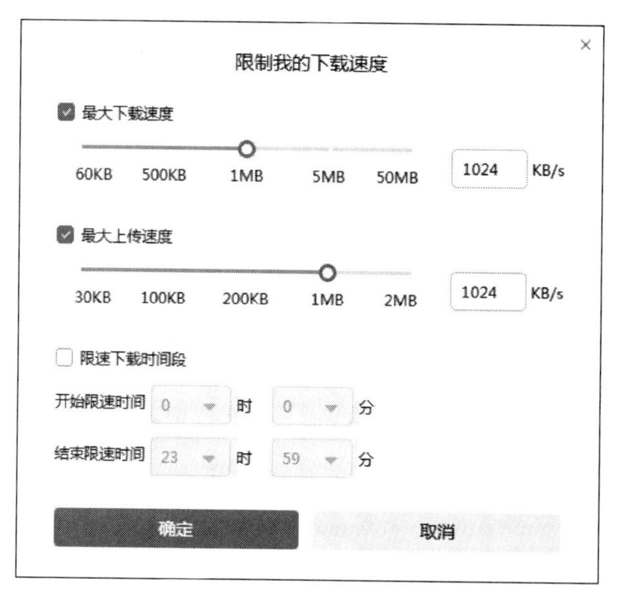

图 2-30 限速下载

图 2-31 计划任务

通过搜索引擎找到想要下载的资料文件时，有的页面直接就有迅雷下载的按钮，若没有迅雷按钮时，可以通过右键快捷菜单选择使用迅雷下载。

2.5 FTP服务端工具Serv-U

2.5.1 Serv-U简介

Serv-U 是 Windows 平台和 Linux 平台上的安全 FTP 服务器（FTPS，SFTP，HTTPS），是一个优秀的、安全的文件管理、文件传输和文件共享的解决方案。同时也是应用最广泛的 FTP 服务器软件。

Serv-U 提供了安全、高效的文件传输解决方案，以满足中小型企业和大型企业的数据传输需求。Serv-U 提供简单的安全 FTP 解决方案，允许快速和可靠的 B2B 文件传输和临时文件共享。用户或其他使用者能够使用 FTP，通过在同一网络上的任何一台 PC 与 FTP

服务器连接，进行文件或目录的复制、移动、创建和删除等。

2.5.2 Serv-U 基本操作及实例

运行安装文件，按提示选择语言，接受协议，选择安装位置，按照安装向导提示完成安装，如图 2-32 所示。

图 2-32 Serv-U 安装完成

接下来需要对 Serv-U 进行设置，需要定义新的域，可以按照域向导进行设置，一共需要以下六步。

(1) 域详细信息：需要填写域名称，可以对域名进行说明，如图 2-33 所示。

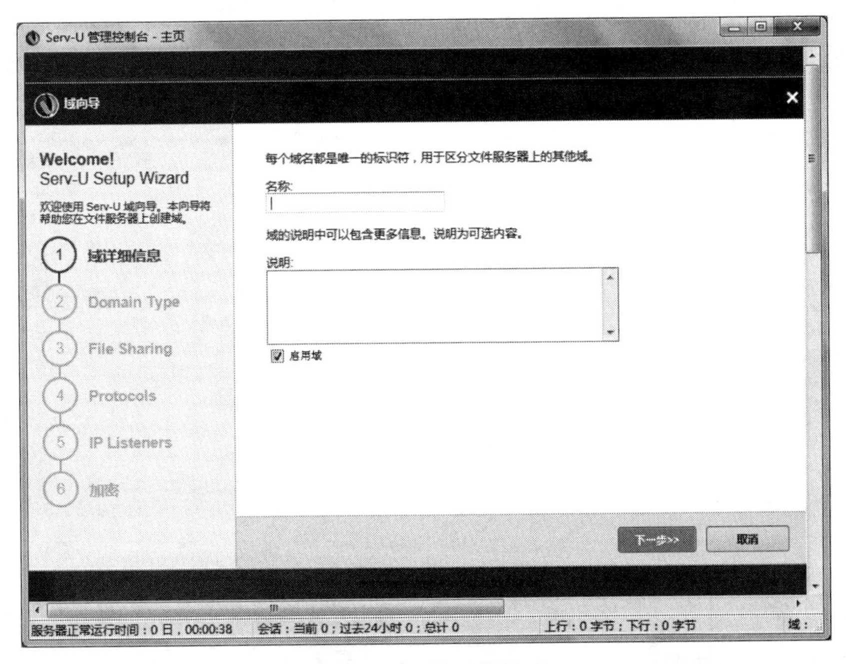

图 2-33 域名信息

(2) Domain Type：设置域的类型，是文件传输域还是文件共享域，如图 2-34 所示。

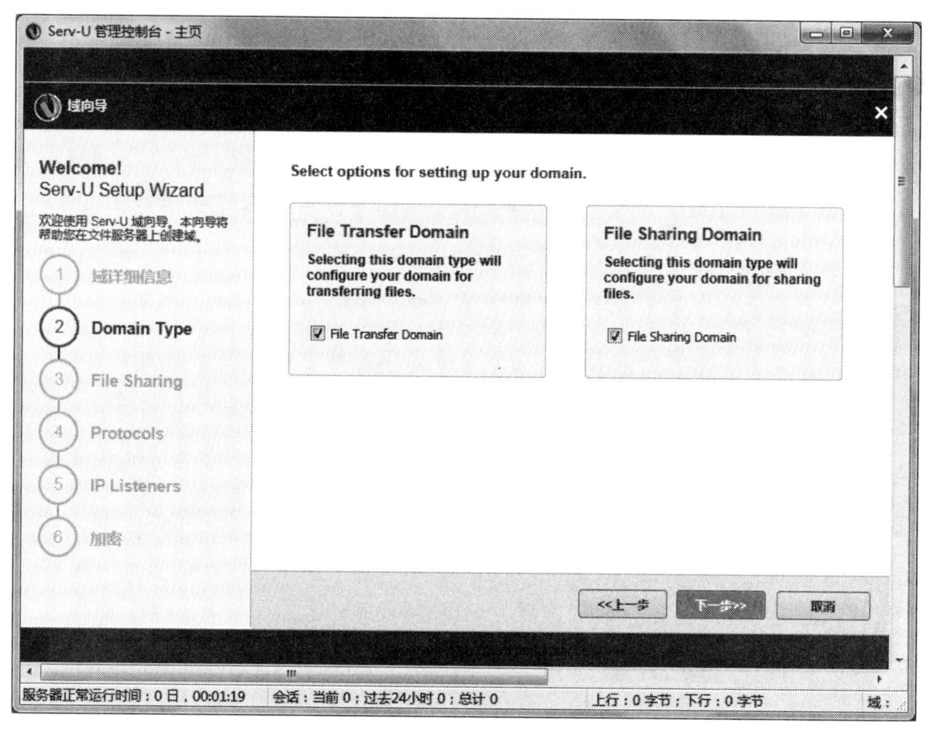

图 2-34　域的类型

(3) File Sharing：设置域的 URL 和共享文件夹，如图 2-35 所示。

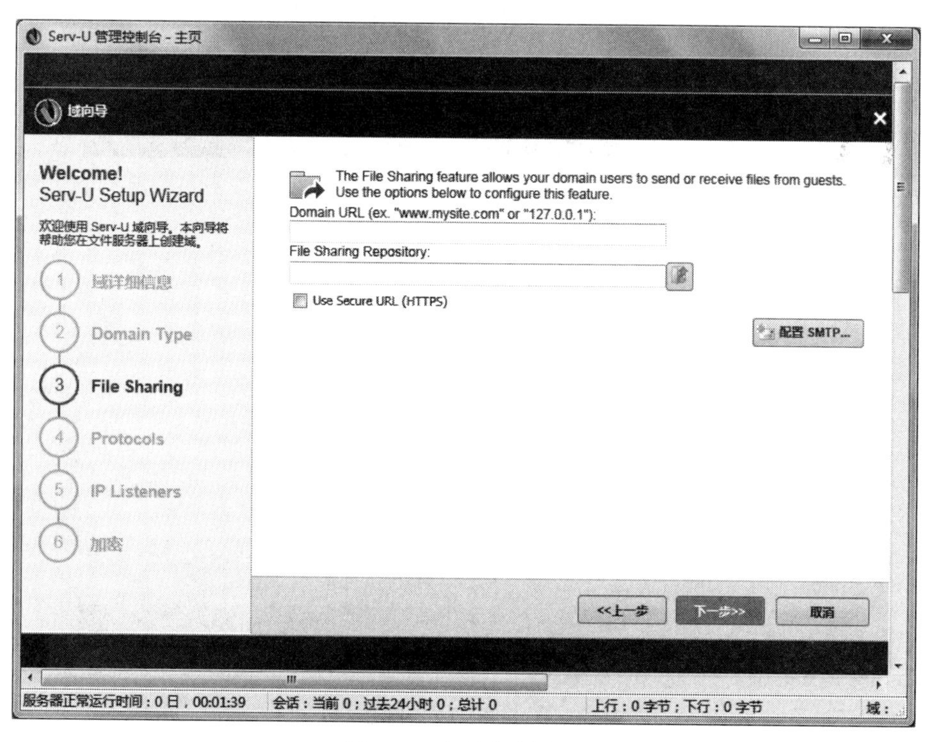

图 2-35　文件共享设置

(4) Protocols：利用向导创建用户，如图 2-36 所示。

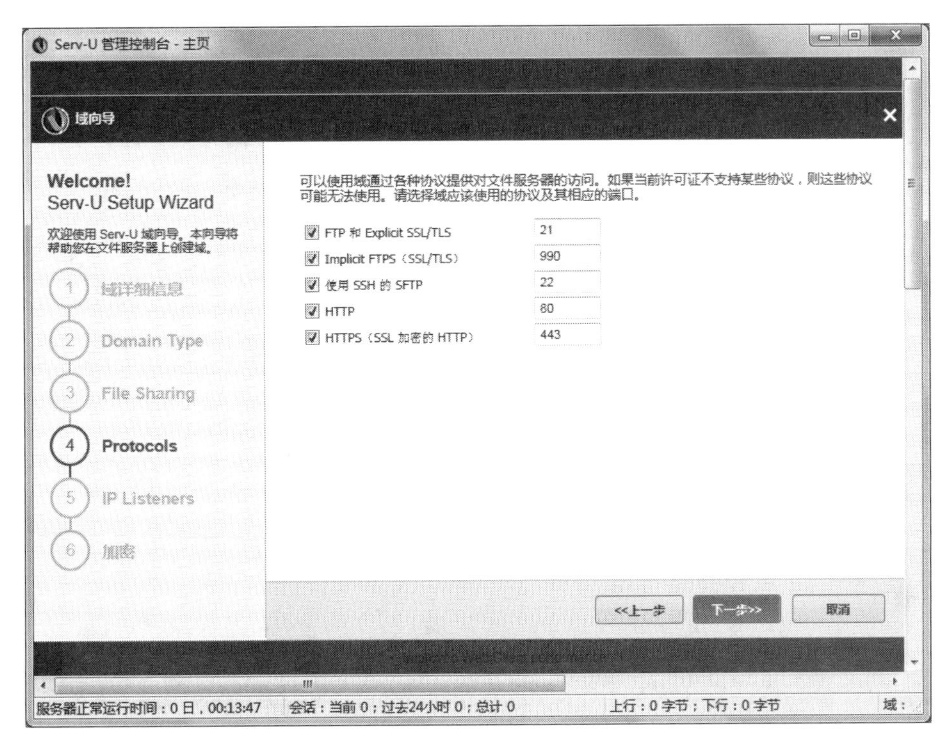

图 2-36　协议及端口设置

(5) IP Listeners：设置监听器，如图 2-37 所示。

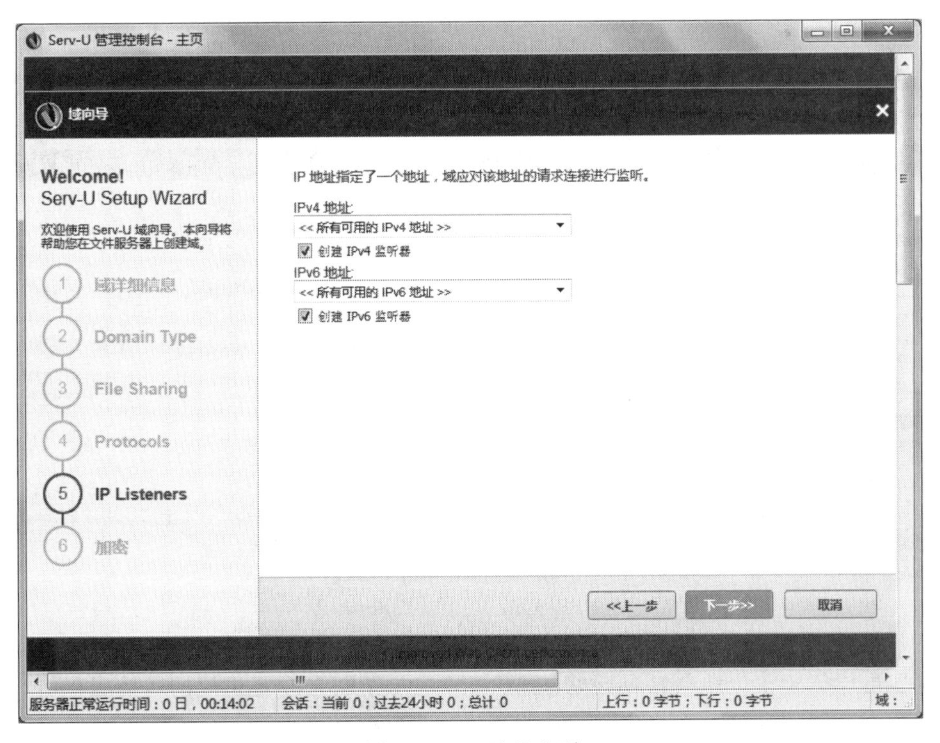

图 2-37　IP 地址监听

(6) 加密：设置密码的加密模式，如图 2-38 所示。

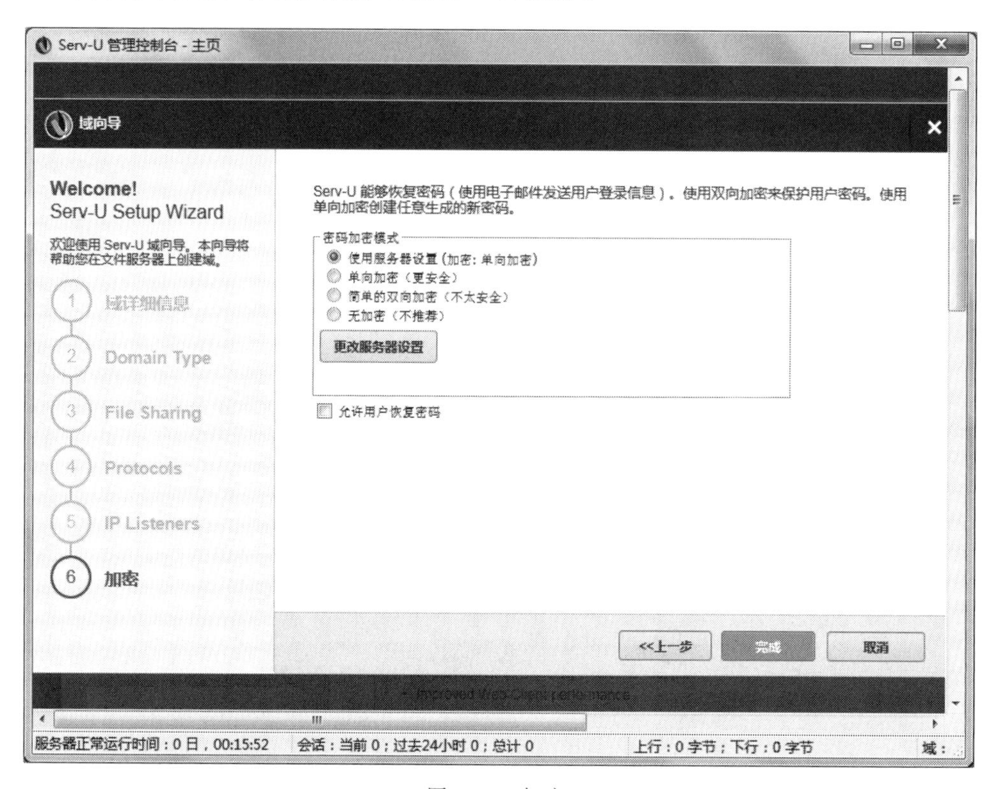

图 2-38　加密

还需要设置根目录和访问权限，就可以使用了，如图 2-39 所示。

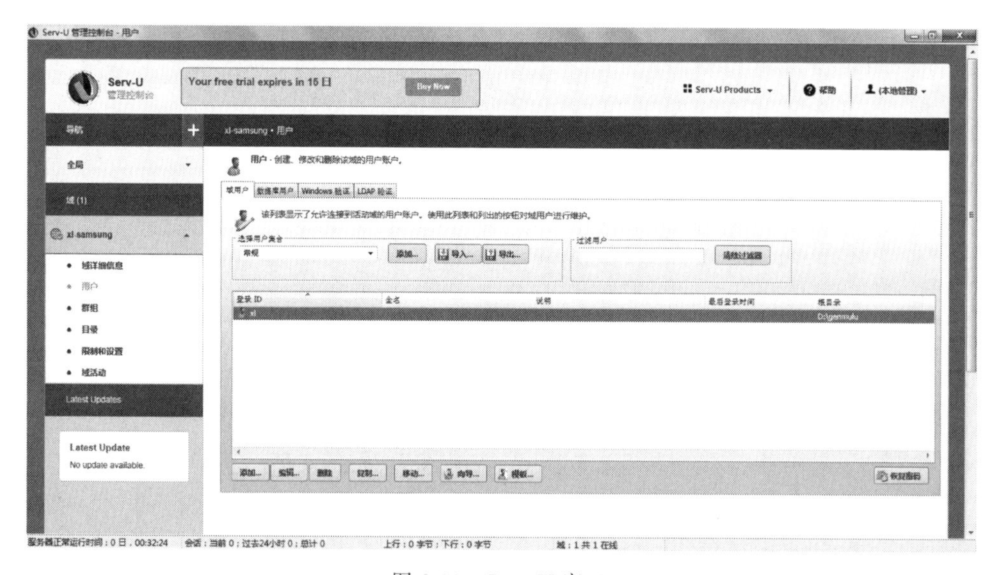

图 2-39　Serv-U 窗口

这里可以创建多个账号。创建好的账号，一定要给账号设置访问的具体目录，给定访问目录具体的权限。如另一台计算机访问服务器，直接输入服务器的 IP 地址后回车，然后输入刚才创建的用户名和密码即可。需要注意的是，在访问 Serv-U 服务器时建议使用 IE 浏览器或者火狐浏览器。

2.6 搜索引擎

搜索引擎，就是根据用户的需求与一定算法，运用特定策略从互联网检索出指定信息反馈给用户的一门检索技术。搜索引擎依托于多种技术，如网络爬虫技术、检索排序技术、网页处理技术、大数据处理技术、自然语言处理技术等，为信息检索用户提供快速、高相关性的信息服务。搜索引擎技术的核心模块一般包括爬虫、索引、检索和排序等，同时可添加其他一系列辅助模块，以便为用户创造更好的网络使用环境。

2.6.1 搜索引擎工作原理

搜索引擎的整个工作过程可视为三个部分：一是蜘蛛在互联网上爬行和抓取网页信息，并存入原始网页数据库；二是对原始网页数据库中的信息进行提取和组织，并建立索引库；三是根据用户输入的关键词快速找到相关文档，并对找到的结果进行排序，并将查询结果返回给用户。以下对其工作原理做进一步分析。

1. 网页抓取

Spider（蜘蛛）每遇到一个新文档，都要搜索其页面的超链接网页。搜索引擎蜘蛛访问 Web 页面的过程类似普通用户使用浏览器访问其页面，即 B/S 模式。搜索引擎蜘蛛先向页面提出访问请求，服务器接受其访问请求并返回 HTML 代码后，把获取的 HTML 代码存入原始页面数据库。搜索引擎使用多个蜘蛛分布爬行以提高爬行速度。搜索引擎的服务器遍布世界各地，每一台服务器都会派出多只蜘蛛同时去抓取网页。如何做到一个页面只访问一次，从而提高搜索引擎的工作效率？在抓取网页时，搜索引擎会建立两张不同的表，一张表记录已经访问过的网站，一张表记录没有访问过的网站。当蜘蛛抓取某个外部超链接页面 URL 的时候，需把该网站的 URL 下载回来分析，当蜘蛛全部分析完这个 URL 后，将这个 URL 存入相应的表中，这时当另外的蜘蛛从其他的网站或页面又发现了这个 URL 时，它会对比看看是否已访问列表，如果有，蜘蛛会自动丢弃该 URL，不再访问。

2. 预处理，建立索引

为了便于用户在数万亿级别以上的原始网页数据库中快速便捷地找到搜索结果，搜索引擎必须对 Spider 抓取的原始 Web 页面做预处理。网页预处理最主要的过程是为网页建立全文索引，之后开始分析网页，最后建立倒排文件（也称反向索引）。Web 页面分析有以下步骤：判断网页类型，衡量其重要程度、丰富程度，对超链接进行分析，分词，把重复网页去掉。经过搜索引擎分析处理后，Web 网页已经不再是原始的网页页面，而是浓缩成能反映页面主题内容的、以词为单位的文档。数据索引中结构最复杂的是建立索引库，索引又分为文档索引和关键词索引。每个网页唯一的 docID 是由文档索引分配的，每个 wordID 出现的次数、位置、大小格式都可以根据 docID 在网页中检索出来，最终形成 wordID 的数据列表。倒排索引形成过程是这样的：搜索引擎用分词系统将文档自动切分成单词序列，对每个单词赋予唯一的单词编号，记录包含这个单词的文档。倒排索引是最简单的，实用的倒排索引还需记载更多的信息。在单词对应的倒排列表中除了记录文档编号之外，单词频率信息也被记录进去，以便于以后计算查询和文档的相似度。

3. 查询服务

在搜索引擎界面输入关键词，单击“搜索”按钮之后，搜索引擎程序开始对搜索词进行以下处理：分词处理，根据情况对整合搜索是否需要启动进行判断，找出错别字和拼写中出现的错误，把停止词去掉。接着搜索引擎程序便把包含搜索词的相关网页从索引数据库中找出，而且对网页进行排序，最后按照一定格式返回到“搜索”页面。查询服务最核心的部分是搜索结果排序，其决定了搜索引擎的好坏及用户满意度。影响实际搜索结果排序的因素很多，但最主要的因素之一是网页内容的相关度。

2.6.2 搜索引擎基本操作及实例

百度搜索是世界上第一个中文搜索引擎，拥有目前世界上最大的中文搜索引擎，总量超过 3 亿页，并且还在保持快速地增长。百度搜索引擎具有高准确性、高查全率、更新快以及服务稳定的特点，能够帮助广大网民快速地在浩如烟海的互联网信息中找到自己需要的信息。百度搜索界面比较简洁，如图 2-40 所示，左上是新闻、hao123、地图、视频、贴吧、学术等主要产品；右上是天气（可选项）、设置和用户管理；中间是搜索框（可以按图片搜索），如图 2-40 所示。

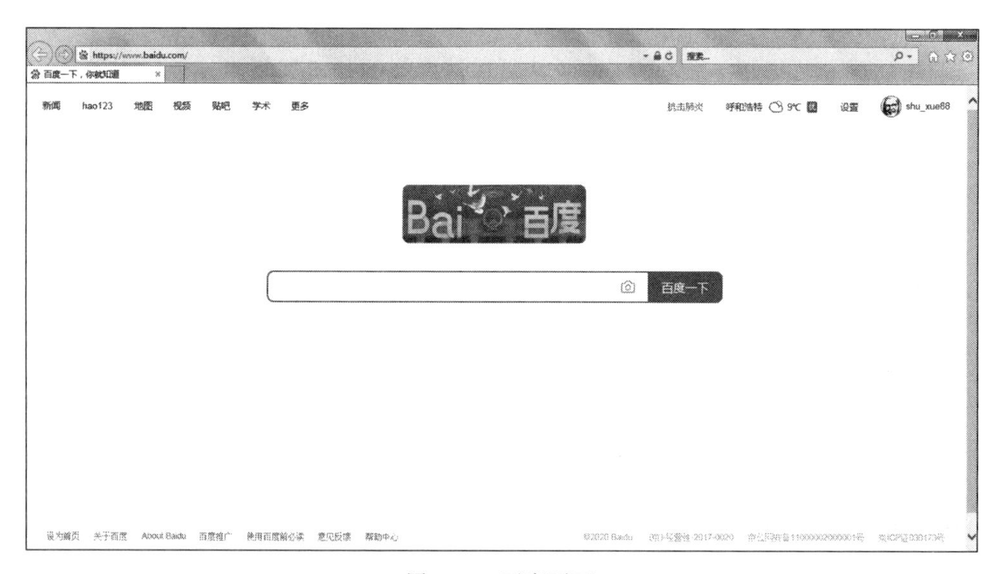

图 2-40 百度页面

在搜索框中输入关键字，单击“百度一下”按钮，就可以看到搜索的结果。搜索结果可以按分类选择网页、资讯、视频、图片、知道、文库、贴吧、采购等。

可以通过设置菜单设置搜索选项、高级搜索和首页设置。在“搜索设置”中可以选择是否显示搜索框提示，繁体或简体中文，以及显示的条数，如图 2-41 所示。“高级搜索”可以进一步设置搜索准确度，如可以设置时间限制、文件格式限制，以及关键词位置等，如图 2-42 所示。

1. 拼音提示搜索

直接在搜索框中输入汉语拼音，百度就能把对应的汉字提示出来，同时给出更多提示，如图 2-43 所示。

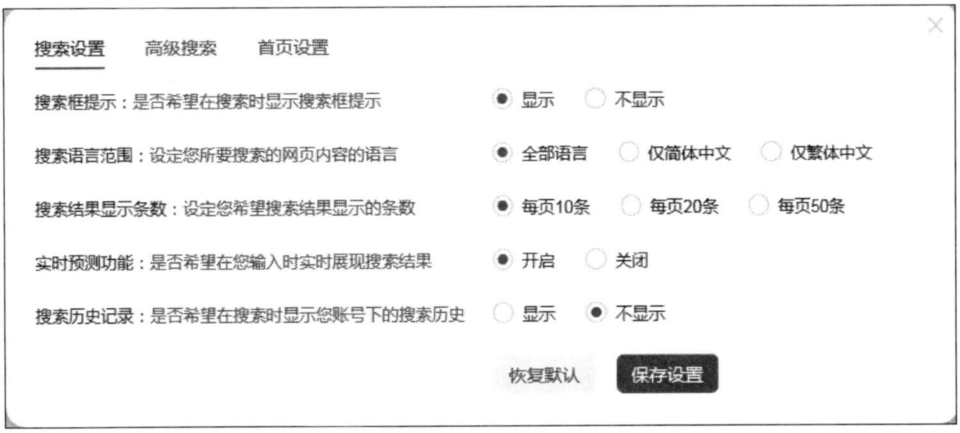

搜索设置
高级搜索
首页设置
搜索框提示：是否希望在搜索时显示搜索框提示
显示
不显示
搜索语言范围：设定您所要搜索的网页内容的语言
全部语言
仅简体中文
仅繁体中文
搜索结果显示条数：设定您希望搜索结果显示的条数
每页10条
每页20条
每页50条
实时预测功能：是否希望在您输入时实时展现搜索结果
开启
关闭
搜索历史记录：是否希望在搜索时显示您账号下的搜索历史
显示
不显示
恢复默认
保存设置

图 2-41　搜索设置

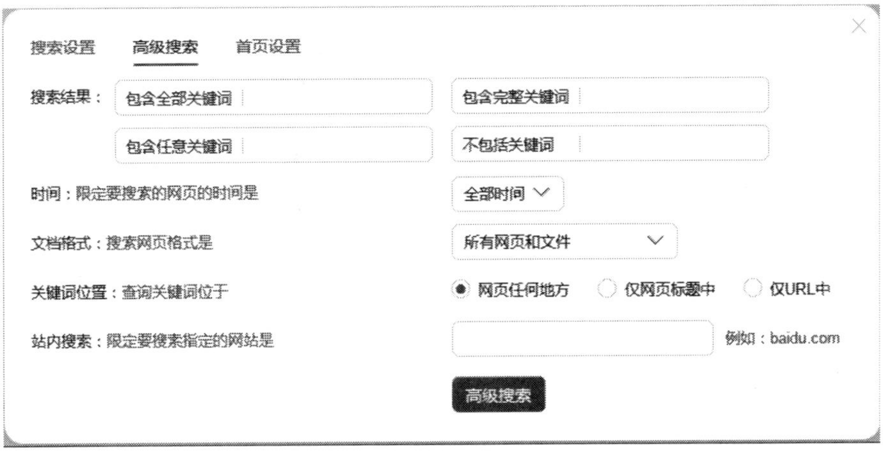

搜索设置
高级搜索
首页设置
搜索结果：
包含全部关键词
包含完整关键词
包含任意关键词
不包括关键词
时间：限定要搜索的网页的时间是
全部时间
文档格式：搜索网页格式是
所有网页和文件
关键词位置：查询关键词位于
网页任何地方
仅网页标题中
仅URL中
站内搜索：限定要搜索指定的网站是
例如：baidu.com
高级搜索

图 2-42　高级设置

https://www.baidu.com/
搜索...
百度一下，你就知道
rengongzhineng
百度一下
百度首页
消息
设置
人工智能
人工智能培训机构哪个好
人工智能英语作文
人工智能论文
反馈

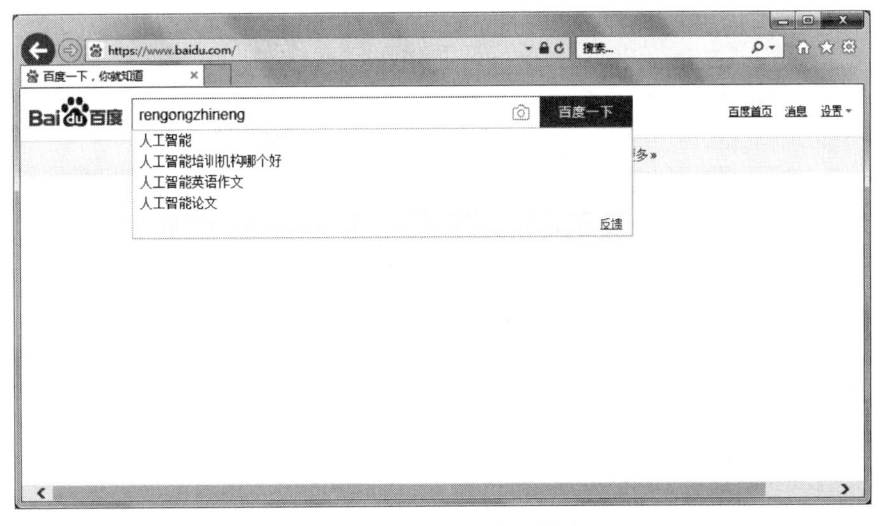

图 2-43　汉语拼音提示搜索

2. 相关搜索

如果搜索结果没有达到预期，还可以参考页面下方的相关搜索提示，如图 2-44 所示，这些提示是百度热门搜索的相关词汇。

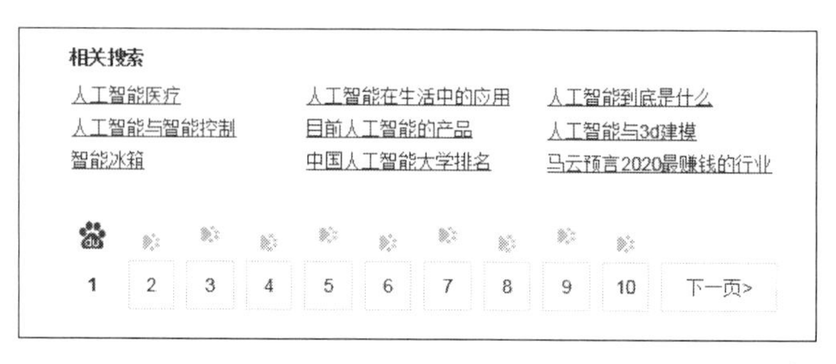

图 2-44　相关搜索

3. 百度快照

在搜索结果中可能会有打不开的超链接，或者打开的速度比较慢，可以通过百度快照查看内容，如图 2-45 所示。未被禁止的网页在百度上都会自动生成临时缓存页面，称为百度快照。百度快照只会临时缓存网页的文本内容，所以图片、音乐等非文本信息仍存储在原网页。

图 2-45　百度快照

习　　题

一、单选题

1. 迅雷是一款基于(　　)技术的下载软件。

　A. 超线程　　B. 超主频　　C. 超文本　　D. 超引擎

2. 迅雷还具有(　　)下载等特殊下载模式。

A. P2C　　B. P2P　　C. B2B　　D. B2C

3. 百度网盘首次注册即有机会获得(　　)空间。

A. 2MB　　B. 2GB　　C. 2TB　　D. 10GB

4. 原百度云盘是百度推出的一项(　　)服务。

A. 云存储　　B. 云计算　　C. 云处理　　D. 宏计算

5. Serv-U 是一种被广泛运用的 Windows 平台下的(　　)服务器软件之一。

A. WWW　　B. E-mail　　C. FTP　　D. HTTP

二、判断题(正确的填写"√",错误的填写"×")

1. 迅雷是一个下载软件,本身不支持上传资源。(　　)
2. 使用迅雷批量下载文件时,首先要有可供下载的 BT 文件或者超链接。(　　)
3. 百度网盘是百度推出的一项云计算服务。(　　)
4. 用户可以将自己的文件上传到百度网盘上,并可随时随地查看和分享。(　　)
5. 通过使用 Serv-U,用户能够将任何一台服务器设置成一个 PC。(　　)
6. 在 Serv-U 安装注册之后,需要进行服务的创建。(　　)

第3章 文本工具软件

相关知识背景

电子资源日益增多，阅读和制作电子资料成为必不可少的日常工作。对资料的保护和复制在所难免，不同的软件各有特点，有的可以阅读做标记，有的可以编辑复制，等等。

主要内容：

☞ Adobe Reader 的介绍及使用

☞ Adobe Acrobat 的介绍及使用

☞ CAJViewer 的介绍及使用

☞ ABBYY 的介绍及使用

☞ SSReader 的介绍及使用

3.1 PDF 阅读工具 Adobe Reader

3.1.1 Adobe Reader 简介

Adobe Reader(也被称为 Acrobat Reader)是美国 Adobe 公司开发的一款优秀的 PDF 文档阅读软件，还可以实现打印和复制内容的功能。在 Adobe Reader 中打开 PDF 文件后，可以使用多种工具快速查找信息。如果收到一个 PDF 表单，则可以在线填写并以电子方式提交。如果收到审阅 PDF 的邀请，则可使用注释和标记工具为其添加批注。使用 Adobe Reader 的多媒体工具可以播放 PDF 中的视频和音乐。如果 PDF 包含敏感信息，则可利用数字身份证或数字签名对文档进行签名或验证。

3.1.2 Adobe Reader 基本操作及实例

Adobe Reader 9 主界面如图 3-1 所示，顶端是标题栏，显示文件的名称。标题栏下面是菜单栏，包含七个菜单，菜单栏下面是工具按钮。

(1)“文件”菜单：包括打开、保存、附加到电子邮件，以及打印等功能。

(2)“编辑”菜单：包括撤销、剪切、复制、全选，以及查找等功能。

(3)“视图”菜单：包括缩放、阅读模式、菜单栏的调整等功能。

(4)“文档”菜单：包括签名、安全性，以及辅助工具快速检查等功能。

(5)“工具”菜单：包括选择和缩放、分析，以及自定义工具栏。

(6)“窗口”菜单：包括新建窗口、层叠、平铺，以及对窗口的调整。

(7)“帮助”菜单：包括软件的帮助和软件的一些相关信息。

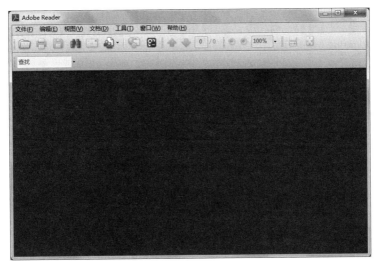

图 3-1　Adobe Reader 9 主界面

可以通过“打开”按钮打开现有的 PDF 文件，在查看的过程中可以调整显示的效果。用“选择”工具按钮可以选择文本进行复制，用“快照”工具按钮则可以框选图片进行复制，如图 3-2 所示。

图 3-2　复制成功提示

“打印”对话框可以设置打印机、打印范围，以及页面处理等选项，如图 3-3 所示。

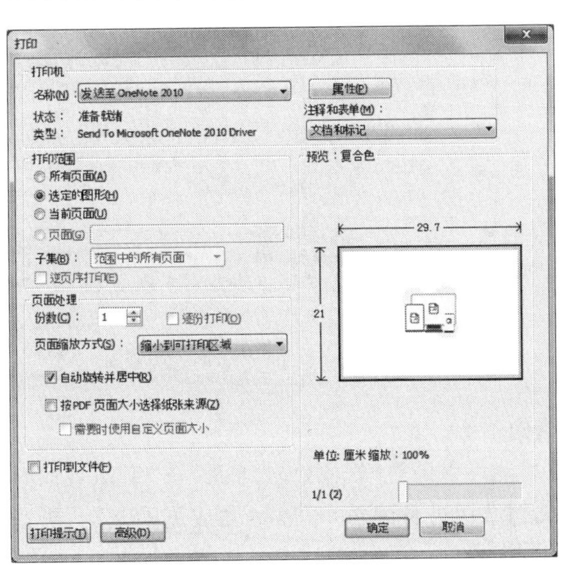

图 3-3　“打印”对话框

3.2 PDF 生成与编辑工具 Adobe Acrobat

3.2.1 Adobe Acrobat 简介

Adobe Acrobat 是由 Adobe 公司开发的一款 PDF(Portable Document Format，便携式文档格式)编辑软件。借助它，可以以 PDF 格式制作和保存文档，以便于浏览和打印，或使用更高级的功能。

2015 年 3 月 26 日，Adobe 宣布正式推出 Adobe Acrobat DC。新产品的推出让用户无论是在台式计算机或移动设备都可创建、查阅、审批以及签署文件。Acrobat DC 最大的亮点在于可将纸质图片、文字迅速转换成 PDF 或文档格式，比如人们通过手机拍照，可让纸质版文字转换成电子版，用户可直接对文档进行修改。

另外，通过移动端和 PC 端，Acrobat DC 可让 Excel、Word 和 PDF 之间的相互转换更为便利。

3.2.2 使用 Adobe Acrobat 编辑 PDF 文档

1. 编辑页面内容

编辑页面可以通过“视图”→“工具”→“编辑 PDF”命令打开相应功能。在该模式下，可以对 PDF 文档内容、文档中文本格式等内容进行编辑，如图 3-4 所示。

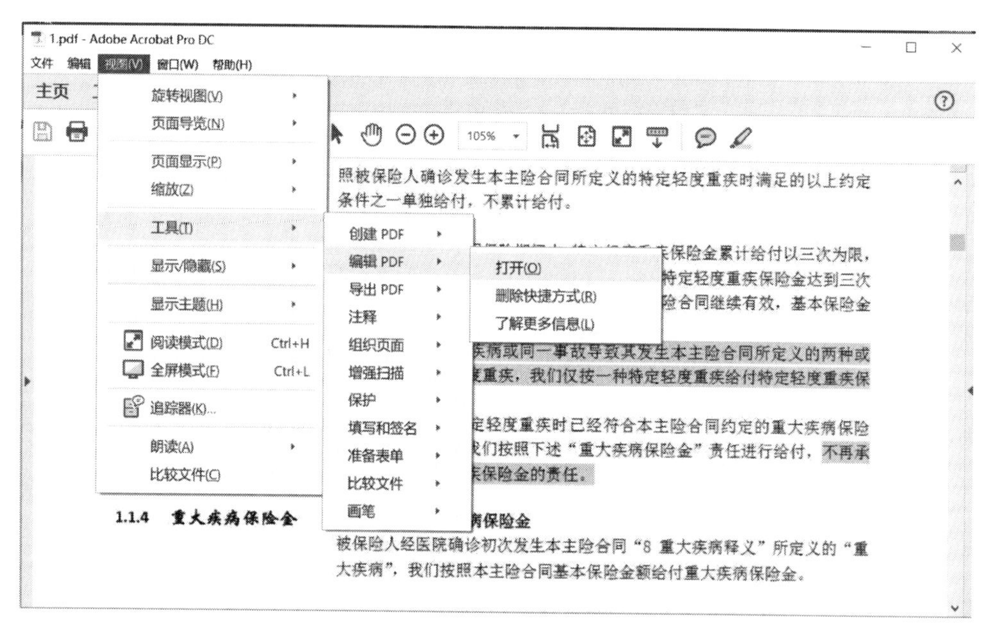

图 3-4 编辑 PDF 文件页面内容

2. 编辑文件组织结构

编辑文件组织结构功能可以通过“视图”→“工具”→“组织页面”命令打开相应功能，在该模式下可以对 PDF 文档结构进行编辑，可以增加或删除文档，可以更改文档中页面的顺序等，如图 3-5 所示。

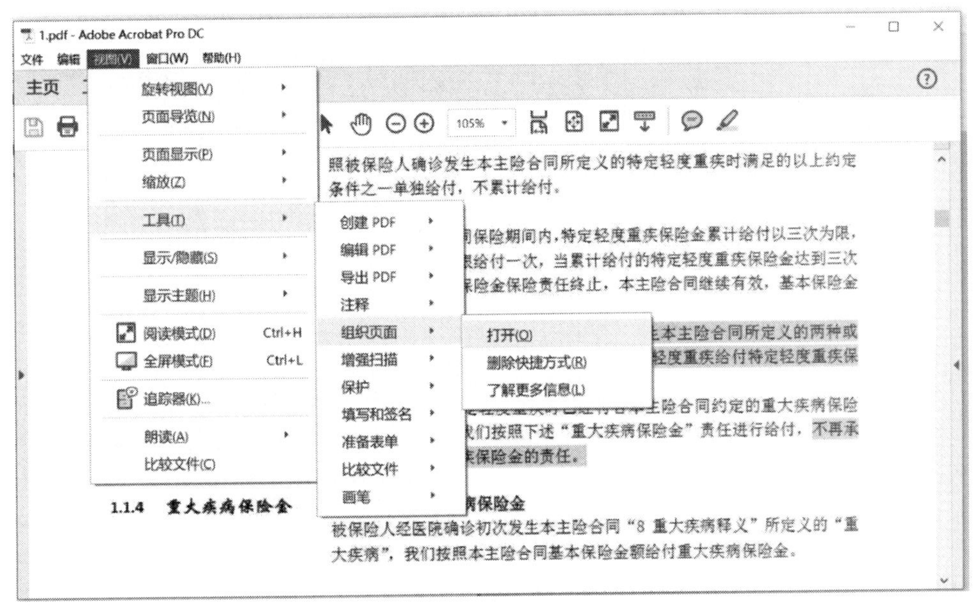

图 3-5 打开编辑 PDF 文件结构界面

3.3 CAJViewer

3.3.1 CAJViewer 简介

CAJViewer 阅读器又称为 CAJ 阅读器，是一款用于阅读和编辑 CNKI 系列数据库文献的专用阅读器，支持多种文档格式，如 CAJ、KDH、TEB、PDF、NH、CAA 和 URL 等格式。其阅读和编辑功能更加方便齐全，对文献的管理功能增强，是一款集体积小、功能强大、占用资源少、使用方便等优点于一身的文献阅读软件。

3.3.2 CAJViewer 基本操作及实例

CAJViewer 窗口中间最大的一块区域代表主页面，显示的是文档中的实际内容。

用户可以通过鼠标、键盘直接控制主页面，可以通过菜单项或者单击工具按钮改变页面布局或者显示比例。当屏幕光标是手的形状时，可以随意拖动页面，也可以单击打开超链接。可以打开多个文件同时浏览。

打开文档后，单击菜单“查看”中的“页面”命令，将在当前主页面的左边出现页面窗口，如图 3-6 所示。在该窗口里以书签方式显示文档所有页，单击页面索引主显示区将跳转到相应页面，还可以通过单击鼠标右键选择以缩略图显示。

当打开一个带有目录索引的文档时，左侧的页面就会有目录窗口，或者通过“查看”菜单中的“目录”命令来打开/关闭目录窗口，如图 3-7 所示。目录内容以树的形状在目录窗口中显示，使用鼠标左键单击目录项，主页面都将显示与目录相关的区域。

任务窗口一般在主页面的右侧，包括文档、搜索、帮助、资源管理器和书架。任务窗口在文档状态下包括如下内容。

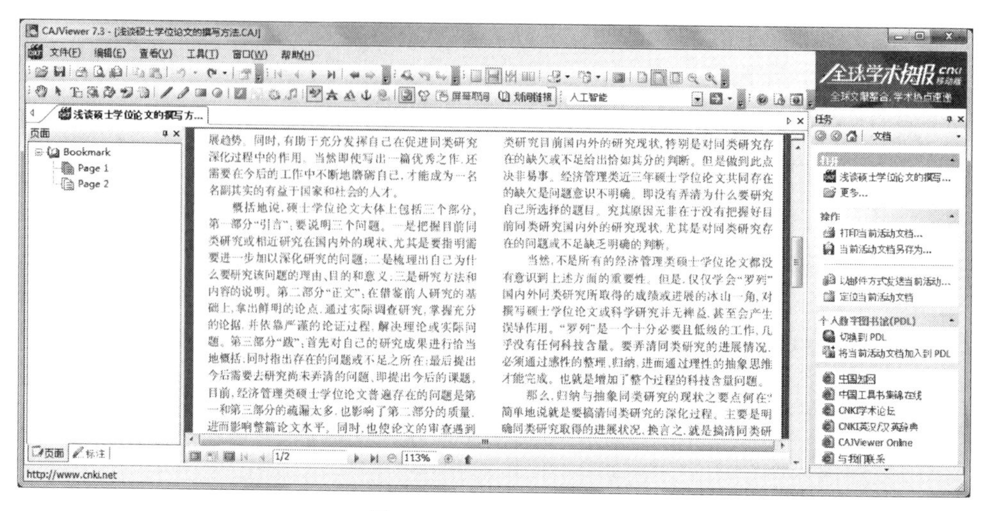

图 3-6　CAJViewer 窗口

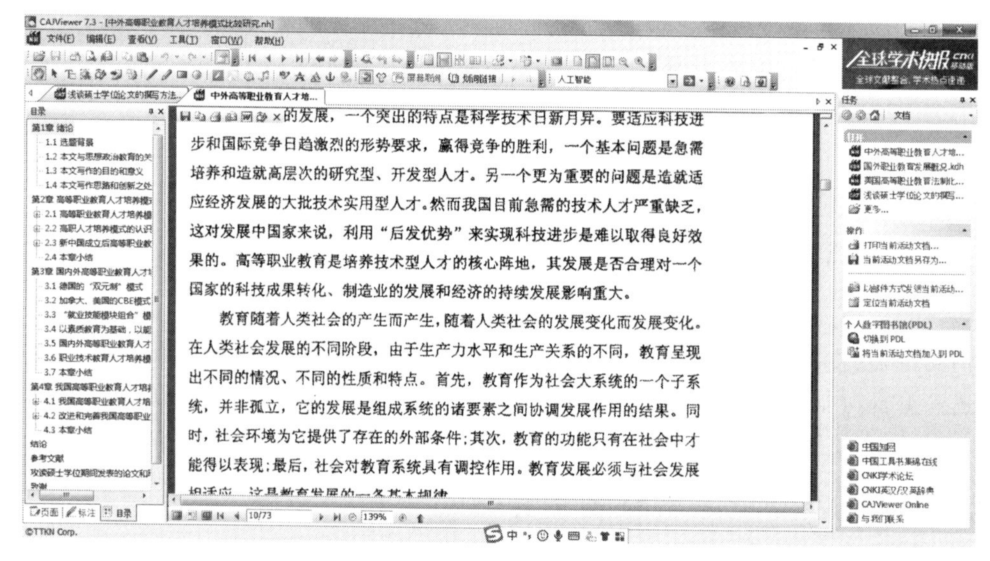

图 3-7　带有目录的文件浏览

(1) 打开：最近打开过的文档，单击文档名可以直接打开，或者单击更多打开新的文档。

(2) 操作：可以打印当前活动文档，将当前活动文档另存，以邮件方式发送当前文档，定位当前的活动文档(打开文档所在目录并找出文档的位置)。

(3) PDL：切换到个人数字图书馆(要首先安装此程序)，将当前的文档加入到个人数字图书馆的书架中。

(4) 最下面是一些相关链接。

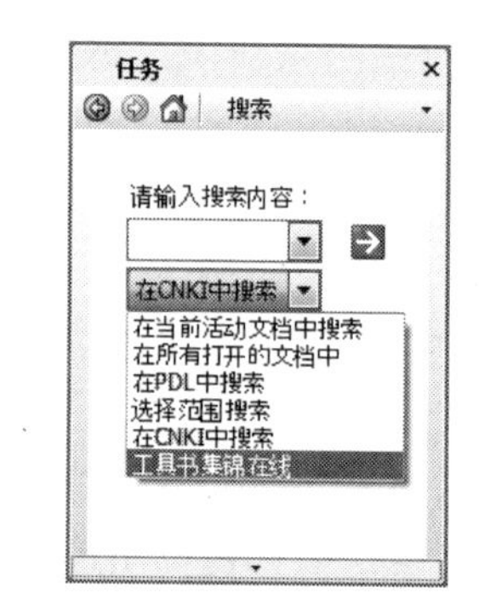

图 3-8　任务窗口中的搜索

任务窗口中还可以选择搜索状态，当然也可以单击"编辑"菜单中的"搜索"命令，将会出现搜索选项，如图 3-8 所示。输入要搜索的关键字，然后选择搜索的范围，单击右侧“搜索”按钮即可。

CAJViewer 还提供文字识别的功能。单击工具菜单中的文字识别，当前页面上的光标变成文字识别的形状，按住鼠标左键并拖动，可以选择一页上的一块区域进行识别，识别结果将在对话框中显示，并且允许修改，确定后可以复制到剪贴板或者发送给 WPS 或 Word 软件，如图 3-9 所示。

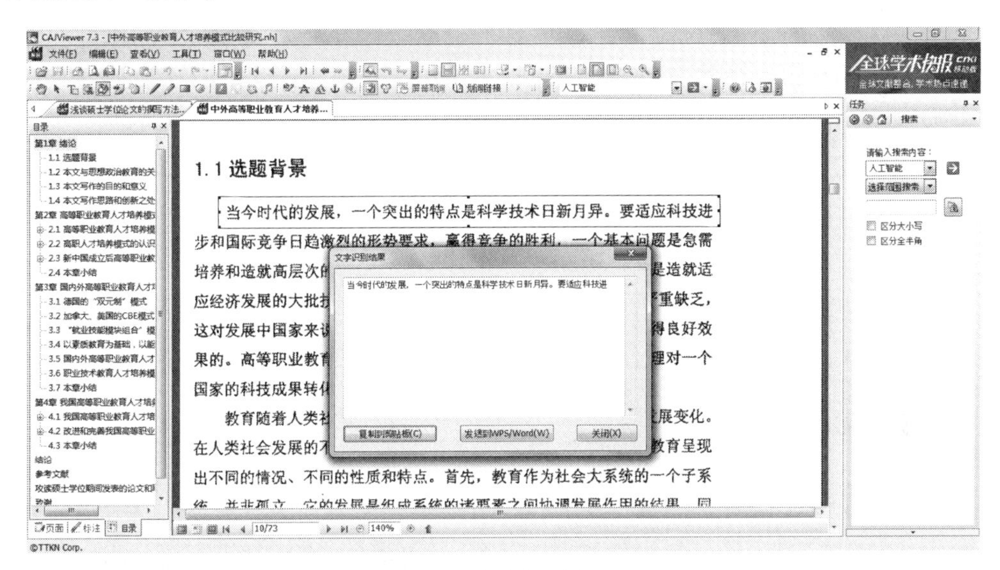

图 3-9　文字识别窗口

3.4　OCR 文字识别工具 ABBYY

3.4.1　ABBYY 简介

ABBYY 是一个在 OCR(Optical Character Recognition)文字识别、文档处理、文件转换和索引、数据捕获、语言翻译软件领域广泛应用的工具，它不仅支持多国文字，还支持彩色文件识别、自动保留原稿插图和排版格式以及后台批处理识别功能。使用者再也不用在扫描软件、OCR、Word、Excel 之间转换来转换去了，处理文件会变得就像打开已经存档的文件一般便捷。

3.4.2　ABBYY 基本操作及实例

使用“文件”菜单新建文档窗口如图 3-10 所示，左侧有打开、扫描、对比和最近使用记录四个选项。

(1) 打开：可以查看、搜索和打印 PDF 文档，也可以编辑 PDF 文档，添加备注和注释，还可以绘制形状，插入图片、水印、图章等，以及签名和保护 PDF 文档，如图 3-11 所示。在“打开”菜单下还可以转换文档，转换成 Word、Excel 和其他格式。

(2) 扫描：可以通过扫描仪或摄像头将对象扫描成 PDF、Word、Excel、图像和其他格式。

图 3-10　新任务窗口

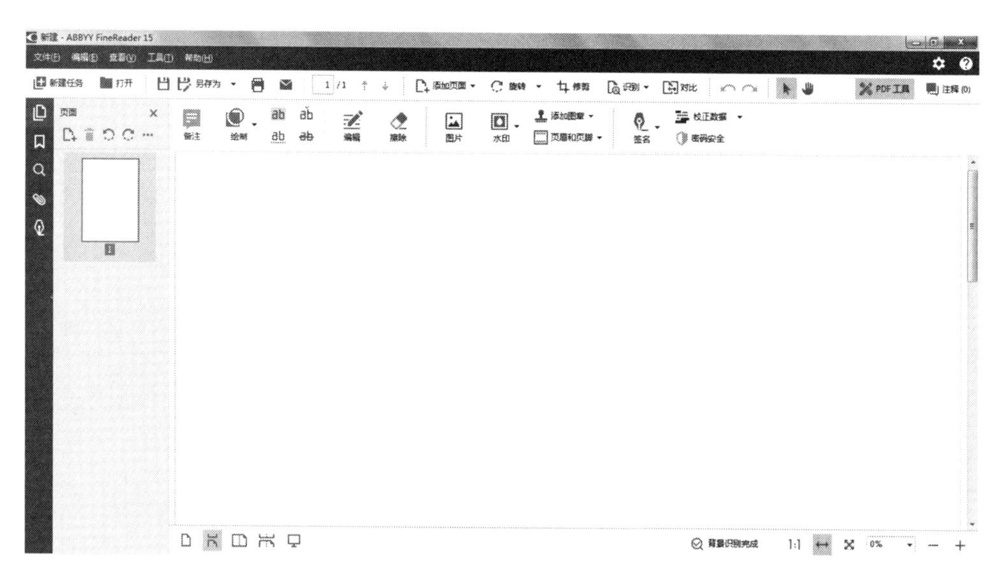

图 3-11　PDF 编辑窗口

(3) 对比：对比同一文档的两个版本，以发现文字差异和防止签名和发布错误的版本。首先在对比窗口菜单栏下方的地址栏中分别找到要对比的两个文件，然后单击右侧的“对比”按钮，如图 3-12 所示，经过对比分析在右侧会显示差异，最后可以将差异保存成有注释的 PDF 或差异报告。

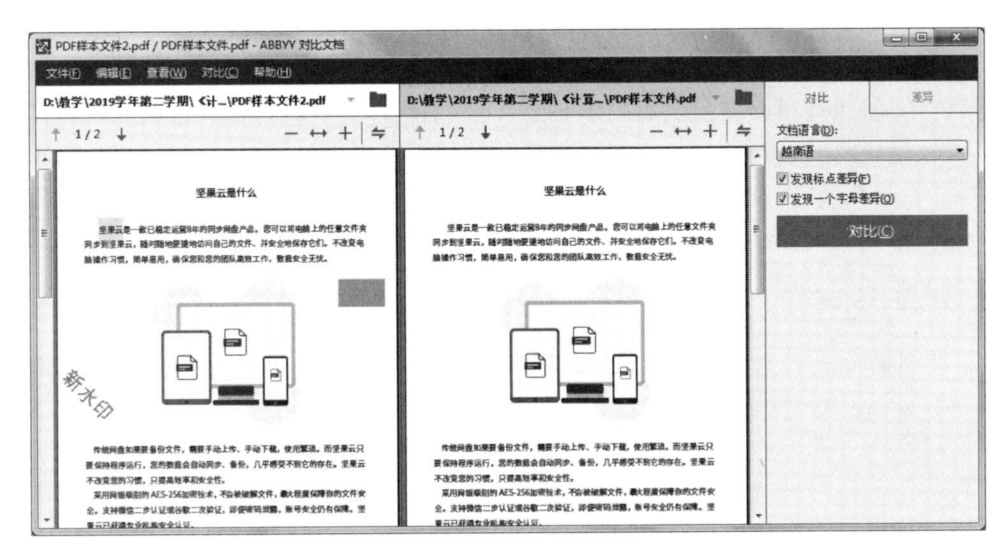

图 3-12　对比文档窗口

3.5　电子图书和电子图书馆

3.5.1　电子图书和电子图书馆的相关理论知识

电子图书又称 E-book，是指以数字代码方式将图像、文字、声音、影像等信息存储在磁、光、电介质上，通过计算机或电子设备使用文件。电子图书类型丰富，如电子图书、电子期刊等。电子图书格式繁多，一般有以下格式：EXE 文件格式、CHM 文件格式、HLP 文件格式、PDF 文件格式、WDL 文件格式、SWB 文件格式、LIT 文件格式、EBX 文件格式等。

电子图书馆收藏的图书是以电子形式存储的信息，而不是一本本的、印刷在纸上的图书。电子图书馆具有检索速度快、存储能力大、成本低、保存时间长等特点。电子图书馆还可以存储图像、视频、声音等信息，既实用又方便。

3.5.2　超星阅览器 SSReader 简介

超星阅览器(SSReader)是超星公司拥有自主知识产权的图书阅览器，是专门针对数字图书的阅览、下载、打印、版权保护和下载计费而研究开发的，可以阅读网上由全国各大图书馆提供的、总量超过 30 万册的 PDG 格式数字图书，并可阅读其他多种格式的数字图书，还可以下载到本地阅读。软件集成书签、标记、资源采集、文字识别等功能。超星阅览器 SSReader 4.1.5 版本具有以下特点。

1. 操作便捷

针对图书在 PC 及笔记本电脑上的阅读特点专门设计的阅读操作界面，可以让用户很方便地翻页、放大缩小页面，以及更换阅读背景等。

2. 下载阅读

软件支持下载图书离线阅读，并支持其他图书资料导入阅读，支持的图书资料文件格式有 PDG、PDZ、PDF、HTM、HTML、TXT 等多种。

3. 功能强大

支持在图书原文上做多种标注及添加书签,并可以导出保存;高速下载图书,图书管理便捷,可手动导入导出图书;可识别图片文字;支持图书文本编辑;提供多种个性化设置。

4. 快速导航

软件内嵌数字图书馆资源列表,囊括超星网所有图书,可以帮助用户更方便准确地查找图书。本地图书馆列表可方便用户管理下载的图书。

3.5.3 SSReader 基本操作及实例

打开超星阅读器,首先打开的是资源列表窗口,显示本地的资源,包括本地图书馆和光盘,如图 3-13 所示。可以使用 SSReader 阅读本地的资源,如图 3-14 所示,左侧可以显示章节目录,右侧显示正文内容。SSReader 软件提供文字识别功能,单击鼠标,按住鼠标左键选中所需要的内容,就会显示在文字识别窗口中,如图 3-15 所示,可以保存成文本,也可以加入采集,而且还会自动生成引用出处信息及页码,采集保存成新的电子图书。

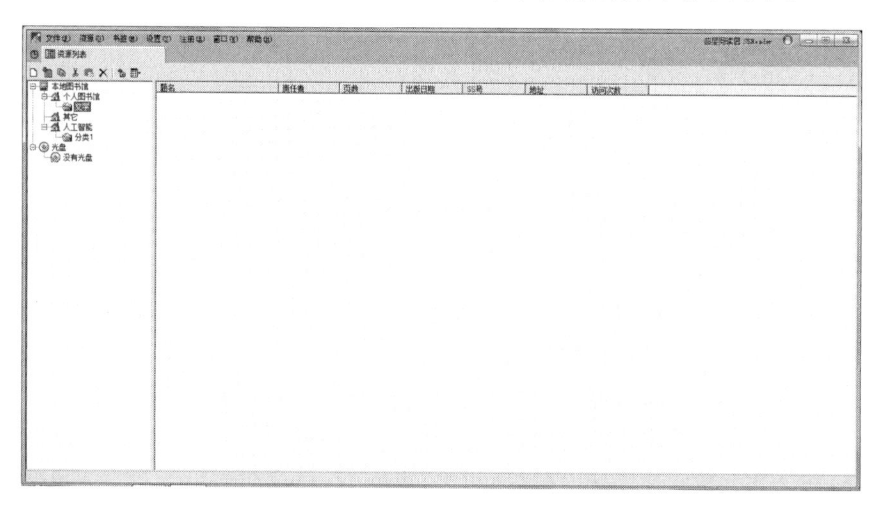

图 3-13　SSReader 主窗口的资源列表

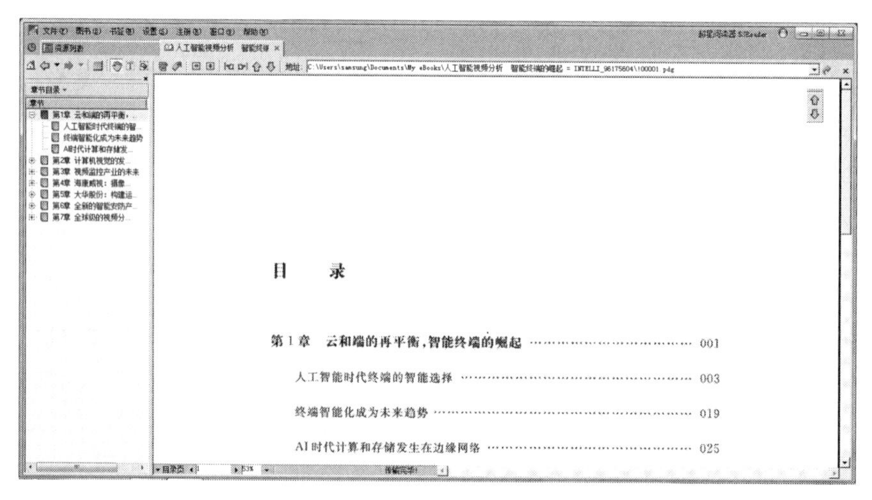

图 3-14　阅读窗口

图 3-15　识别文字

通过超星可以发现系统搜索资源，包括期刊、图书、博硕论文、会议和报纸等资源，如图 3-16 所示。输入关键字，超星发现会将搜索到的结果分类显示，当然也可以自定义搜索分类，如图 3-17 所示。

图 3-16　超星发现界面

图 3-17　自定义搜索分类

搜索结果可以打开查看，同时还可以转发、收藏、打印及下载到本地。

除了超星首页的发现系统外，超星还推出了读书，推荐一些免费的阅读资源，如图 3-18 所示。

图 3-18　超星读书窗口

习　　题

一、单选题

1. 运用 Adobe Reader 软件的(　　)可截取电子文件内容。

   A. 打印工具　　B. 打印机工具　　C. 快照工具　　D. 图章工具

2. (　　)是世界上最大的数字化图书馆。

   A. Internet　　B. 中国国家图书馆

   C. 中国期刊网　　D. 超星数字图书馆

3. 超星公司把书籍经过扫描后存储为(　　)数字格式。

   A. chm　　B. txt　　C. pdg　　D. png

4. 单击超星浏览器主界面左面(　　)选项卡可以查看最近登录的网页。

   A. 资源　　B. 历史　　C. 系统　　D. 搜索

二、判断题(正确的填写“√”,错误的填写“×”)

1. Adobe Reader 可以解压缩文件。(　　)

2. Adobe Reader 可以阅读的文件格式是 dbf。(　　)

3. 单击 Adobe Reader 工具栏中的 eBook 按钮在其下拉菜单中选择“在线获取 eBook”命令可以直接打开浏览器连到网络当中。(　　)

4. 电子图书通常以 CD-ROM/互联网站等形式存储，针对不同介质，传统纸质方式也可能出现。(　　)

5. CAJViewer 只能在线阅读，不可以下载到本地硬盘进行阅读。(　　)

第4章　图像工具软件

相关知识背景

随着时代的发展，对数码图像处理的需求日益增多，但是图像的类型繁多，处理图像的软件也五花八门，有浏览、编辑图片的软件，也有截图、画图的软件。

主要内容：

☞ ACDSee的介绍及使用

☞ Snagit的介绍及使用

☞ 光影魔术手的介绍及使用

☞ 美图秀秀的介绍及使用

4.1　图形图像相关理论知识

4.1.1　矢量图和位图

矢量图，也称为面向对象的图像或绘图图像，在数学上定义为一系列由线连接的点。矢量文件中的图形元素称为对象。每个对象都是一个自成一体的实体，它具有颜色、形状、轮廓、大小和屏幕位置等属性。

矢量图是根据几何特性来绘制图形，矢量可以是一个点或一条线。矢量图只能靠软件生成，文件占用内存空间较小，因为这种类型的图像文件包含独立的分离图像，可以自由无限制地重新组合。它的特点是放大后图像不会失真，和分辨率无关，适用于图形设计、文字设计和一些标志设计、版式设计等。

位图图像（Bitmap），也称为点阵图像或栅格图像，是由称作像素（图片元素）的单个点组成的。这些点可以进行不同的排列和染色以构成图样。当放大位图时，可以看见赖以构成整个图像的无数单个方块。扩大位图尺寸的效果是增大单个像素，从而使线条和形状显得参差不齐。然而，如果从稍远的位置观看它，位图图像的颜色和形状又显得是连续的。用数码相机拍摄的照片、扫描仪扫描的图片以及计算机截屏图等都属于位图。位图的优点是可以表现色彩的变化和颜色的细微过渡，产生逼真的效果；缺点是在保存时需要记录每一个像素的位置和颜色值，占用较大的存储空间。

4.1.2　像素与图像分辨率

像素是指在由一个数字序列表示的图像中的最小单位。

图像分辨率指图像中存储的信息量，即每英寸图像内有多少个像素点。分辨率的单位为 PPI(Pixels Per Inch,像素每英寸)。

(1) 像素和分辨率是两个密不可分的重要概念,它们的组合方式决定了数据量同样大小的图像,分辨率越高,包含的像素越多。

(2) 一平方英寸的图像,如果分辨率是 72 的话,包含 5184 个像素,如果分辨率为 300,即包含 9 万个像素。

(3) 高分辨率的图像要比低分辨率的图像包含更多的像素,所以像素点会更小,像素的密度更高。

(4) 图片的像素越高,越可以展现更多的细节和更加细微的颜色过渡效果。

4.1.3 图像文件的格式

1. 扩展名:.bmp

.bmp 图像文件格式是 Microsoft 为其 Windows 环境设置的标准图像格式。一个 Windows 的 BMP 位图是一些和显示像素相对的位阵列,有两种类型:GDI 位图和 DIB 位图。BMP 格式支持 RGB、索引颜色、灰度和位图颜色模式,但不支持 Alpha 通道。BMP 格式支持 1 位、4 位、24 位、32 位的 RGB 位图。

2. 扩展名:.jpg

.jpg 是国际标准化组织(ISO)和国际电报电话咨询委员会(CCITT)联合成立的"联合照片专家组",于 1991 年 3 月提出了 ISOCD 10918 号建议草案——多灰度静止图像的数字图像的数字压缩编码。这是一个适用于彩色和单色或连续色调静止数字图像的压缩标准。

3. 扩展名:.tif

.tif 最早由 Aldus 公司推出,它能够很好地支持从单色到 24 位真彩的任何图像,而且不同的平台之间的修改和转换也十分容易。与其他图像格式不同的是,TIFF(Tag Image File Format)是一种无损压缩的文件格式,压缩比例为 2∶1。

4. 扩展名:.gif

.gif 是由 CompuServe 公司于 20 世纪 80 年代推出的一种高压缩比的彩色图像文件格式,针对当时网络传输带宽的限制,CompuServe 公司采用高效无损数据压缩方法,推出了 GIF 图像格式,主要用于图像文件的网络传输。鉴于 GIF 图像文件的尺寸通常比其他图像文件小好几倍,这种图像格式迅速得到了广泛的应用。在网络传输中,GIF 图像格式除了逐行显示方式,还增加了渐显方式。最初,GIF 仅用来存储单幅静止图像,称为 GIF87a,后来又进一步发展成为 GIF89a,可以同时存储若干幅静止图像并进而形成联系的动画,Internet 上大量采用的彩色动画文件多为这种格式的 GIF 文件。

5. 扩展名:.png

.png 文件格式是由 Thomas Boutell、Tom Lane 等人提出并设计的,它是为了适应网络数据传输而设计的一种图像格式,用于取代格式较为简单、专利限制严格的 GIF 图像格式。PNG 文件格式支持三种主要的图像类型:真彩图像、灰度级图像以及颜色索引数据图像。

6. 扩展名:.swf

.swf 文件是一种交互动画设计工具,用它可以将音乐、声效、动画以及新的界面融合在一起,从而制作出相对高品质的网页动态效果。Flash 使用了矢量图形和流式播放技术,与位图图形不同的是，矢量图形可以任意缩放尺寸而不影响图形的质量；流式播放技术使得动画可以边播放边下载。通过使用关键帧和图符使得所生成的动画文件非常小，几KB的动画文件已经可以实现许多动画效果。

4.1.4 图像的颜色模式

颜色模式，是将某种颜色表现为数字形式的模型，或者说是一种记录图像颜色的方式。分为RGB模式、CMYK模式、HSB模式、Lab颜色模式、位图模式、灰度模式、索引颜色模式、双色调模式和多通道模式。

4.2 图像浏览管理软件

4.2.1 ACDSee简介

ACDSee是ACD Systems开发的一款数字资产管理、图片管理编辑工具软件，提供良好的操作界面，简单人性化的操作方式，优质的快速图形解码方式，支持丰富的RAW格式，具备强大的图形文件管理功能。

ACDSee 2020家庭版以其出色的整理能力和参数化的相片编辑能力而闻名，可帮助用户轻松突破界限。专业版具有混合克隆、非破坏性色彩分级、改进的人脸检测和识别以及广泛的整理增强功能，让用户充分释放创意潜能。使用ACDSee系列这款可靠的、全面的GPU产品，用户可以轻松完成摄影工作流程中的所有基本任务。使用混合克隆工具可将像素从源区域复制到目标区域。ACDSee会分析目标区域中的像素，并将其与复制的像素混合，实现无缝修复。混合可以消除缺陷、电话线和电线杆、闪光光晕、镜头划痕、水滴以及常见的干扰和瑕疵。

在冲印模式下，导入和应用颜色LUT(即指示ACDSee将特定RGB值映射到其他不同颜色值的文件)，可以实现灵活的非破坏性颜色分级。

整理工作从未如此个性化。ACDSee 2020专业版的人脸检测和人脸识别工具可在相片中找到人物，因此用户可以指定相片中的人物姓名以实现快速搜索。ACDSee会立即将姓名与脸部对号入座，甚至会建议可能的匹配项。按未命名、自动命名和建议的名称搜索相片，可以节省烦琐的手动工作。按客户、家人或关注的人区分相片，然后将人脸数据嵌入相片中以安全保存。

4.2.2 ACDSee基本操作及实例

1. 管理

管理状态下，如图4-1所示。左侧有“文件夹”和“编目”两个选项卡。“编目”选项卡包含类别、评级、标签和关键词等；右侧有“属性-元数据”选项卡，可以编辑图片属性。

2. 查看

查看状态，如图4-2所示。右侧也可以修改属性，胶片窗口在下方。可以调整显示的大小比例，最大可放大到10 000%。

图 4-1　管理窗口

图 4-2　查看窗口

3. 编辑

图片编辑状态下会显示工具组(如图 4-3 所示)和滤镜菜单(如图 4-4 所示),可以对图片进行更深入的编辑。

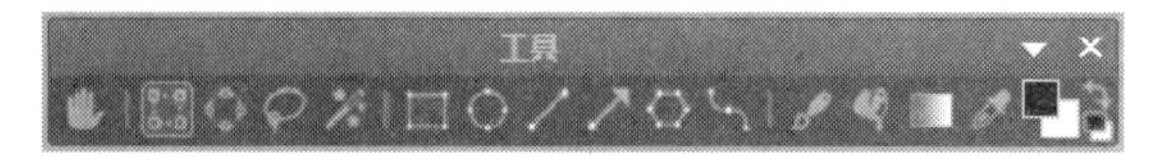

图 4-3　工具组

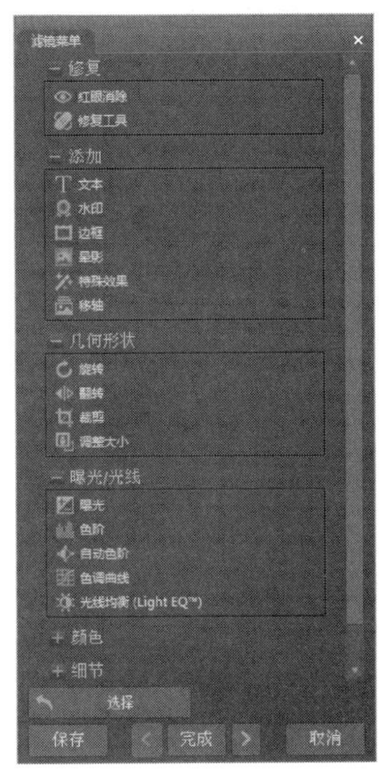

图 4-4　滤镜菜单

4. 仪表盘

仪表盘提供本计算机图片库的整体信息概览，可以按年或者按月统计，如图 4-5 所示。也可查看数据库的大小、位置和基本信息，以及各种相机拍摄照片的数量、文件的格式及分辨率的统计。

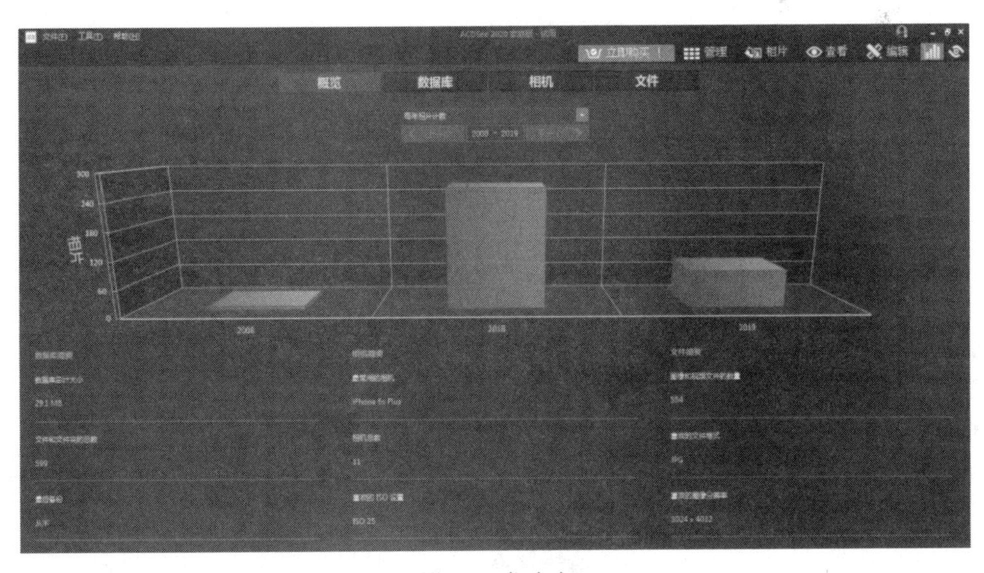

图 4-5　仪表盘

4.3 图像视频捕获软件

4.3.1 Snagit 简介

Snagit 截图软件是一个非常实用的屏幕、文本和视频捕获、编辑与转换软件。可以捕获 Windows 屏幕、DOS 屏幕；RM 电影、游戏画面；菜单、窗口、客户区窗口、最后一个激活的窗口或用鼠标定义的区域。可以选择是否包括光标，添加水印。另外，还具有自动缩放、颜色减少、单色转换、抖动，以及转换为灰度级等功能。

此外，Snagit 在保存屏幕捕获的图像之前，还可以用其自带的编辑器编辑；也可选择自动将其送至 Snagit 虚拟打印机或 Windows 剪贴板中，或直接用 E-mail 发送。

Snagit 是一款极其优秀的捕捉图形的软件，和其他捕捉屏幕软件相比，它具有以下几个优点。

(1) 捕捉的种类多：不仅可以捕捉静止的图像，而且可以获得动态的图像和声音，另外还可以在选中的范围内只获取文本。

(2) 捕捉范围极其灵活：可以选择整个屏幕、某个静止或活动窗口，也可以自己随意选择捕捉内容。

(3) 输出的类型多：可以以文件的形式输出，也可以把捕捉的内容直接发 E-mail 给朋友，另外可以编辑成册。

(4) 具备简单的图形处理功能：利用它的过滤功能可以将图形的颜色进行简单处理，也可对图形进行放大或缩小。

4.3.2 Snagit 基本操作及实例

1. Snagit 截图软件安装教程

运行安装文件进入 Snagit 安装界面，需要勾选 I accept the License Terms 复选框，如图 4-6 所示。然后单击 Install 按钮安装软件。或者可以单击 Options，再单击... 选择 Snagit 安装位置，选择完成后单击 continue，直到安装完成。

图 4-6 Snagit 安装提示

2. Snagit 截图方法

运行 Snagit，如图 4-7 所示窗口，该窗口包含三个选项卡：“一体式”“图像”和“视频”。这些标签可让用户选择特定的捕获设置，并使处理速度更快。“一体式”是一个灵活的选项，但是如果用户知道所需的捕获类型，则始终可以选择“图像”或“视频”选项卡。要开始捕获，请单击红色的“捕获”按钮。

一体式模式下单击右侧的“捕获”按钮就可以截图了，如图 4-8 所示。截图的范围可以使用鼠标或下方的分辨率进行调节，选择好截图的范围，出现如图 4-9 所示界面，可以单击“捕获图像”“录制视频”或“启动全景捕获”按钮就可截图。

截好的图片或视频会自动用 Snagit 编辑器打开，如图 4-10 所示。软件顶部是一些常用的工具，可以修改所截图片。

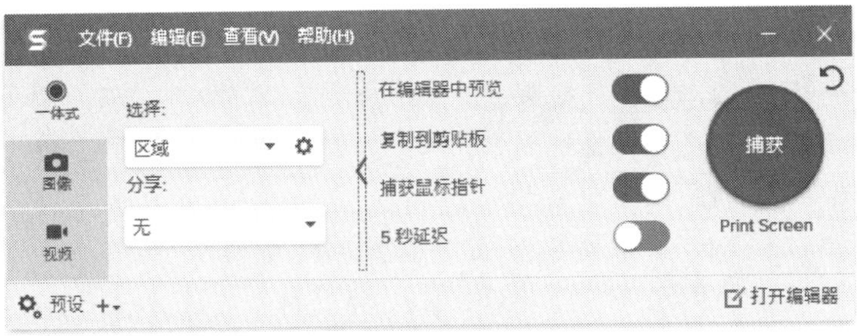

图 4-7　Snagit 窗口

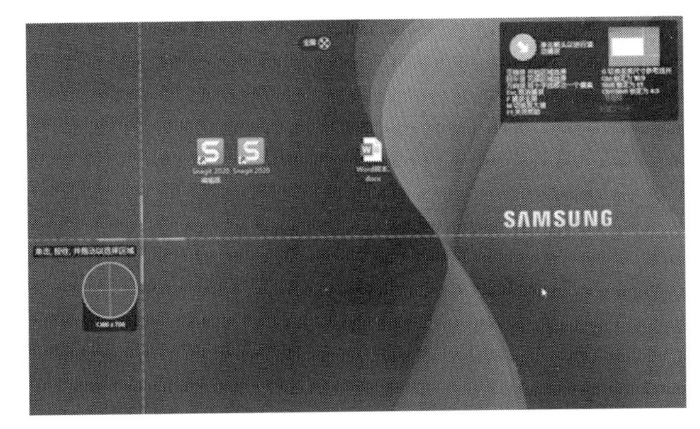

图 4-8　截图状态

图 4-9　截图提示

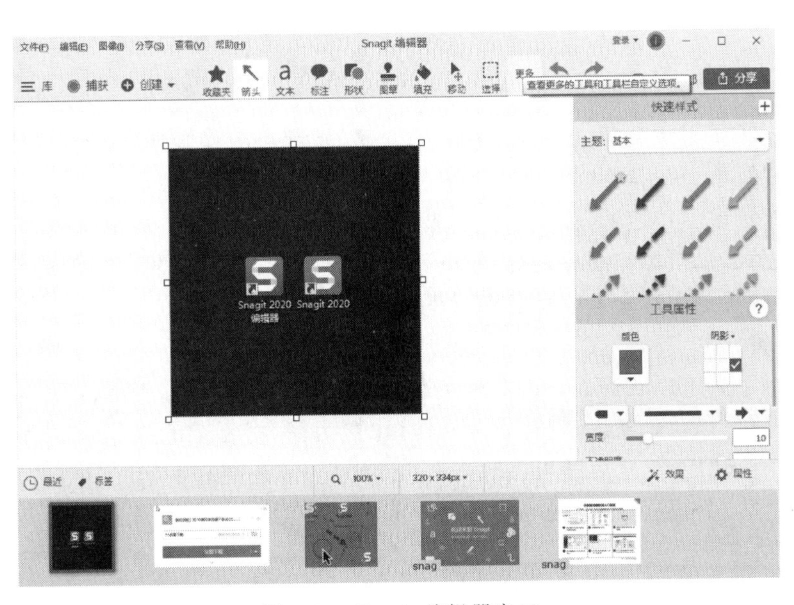

图 4-10　Snagit 编辑器窗口

3. Snagit 绘图工具

收藏夹(Ctrl+1)：将来自不同工具的有用快速样式保存在一个位置。

箭头(Ctrl+2)：向图像添加箭头。

文本(Ctrl+3)：向图像添加纯文本。

标注(Ctrl+4)：向图像添加文本注释。

形状(Ctrl+5)：向图像添加形状，可以绘制矩形、圆形及多边形等。

图章(Ctrl+6)：使用默认或自定义图章，如重音符号或鼠标指针注解图像。

填充(Ctrl+7)：用颜色填充图像中的拼合区域。

移动(Ctrl+8)：移动画布上的现有对象或切换成智能移动模式，来移动、调整对象大小或删除新标识的对象，单击的同时按住 Shift 键可选择多个对象。

裁剪(Ctrl+9)：从图像边缘删除不需要的区域。

选择：在画布上选择要编辑的对象或区域。

模糊：隐藏或屏蔽图像中的敏感信息。

简化：自动生成对象以覆盖背景文本和图形。

魔棒工具：单击以选择纯色对象、文本或背景。

剪裁：删除图形的垂直或水平部分，并将两个部分连接在一起。

画笔：在图形上徒手绘制线条。

直线：向图像添加线条。

荧光笔：高亮显示图像中的矩形区域。

步骤：向图像中按顺序添加一系列数字或字母。

橡皮擦：擦除图像中的任何拼合区域以显示画布。

放大：放大并高亮显示图像中的区域。

4.4 图像编辑处理软件

4.4.1 光影魔术手

光影魔术手是迅雷公司全新设计开发的产品，是针对图像画质进行改善提升及效果处理的软件；其简单、易用，不需要任何专业的图像技术，就可以制作出专业胶片摄影的色彩效果。其具有许多独特之处，如反转片效果、黑白效果、数码补光、冲版排版等，且其批量处理功能非常强大，是摄影作品后期处理、图片快速美容、数码照片冲印整理时必备的图像处理软件，能够满足绝大部分人照片后期处理的需要。

1. 一键式美化

光影魔术手为用户准备了一键图片美化处理工具，如图 4-11 所示，用户可以用它实现图片的自动美化、自动曝光、一键补光等操作，化繁为简，将复杂的操作变成简单一键，并且采用了实时预览功能，美化后即可实时查看效果。此外，还拥有手动调节白平衡、亮度、对比度、饱和度、色阶、曲线、色彩平衡等一系列丰富的调图功能，让图片变得更加美丽。

2. 数码暗房

光影魔术手为用户提供了丰富的数码暗房特效，如图 4-12 所示，诸如反转片效果、

Lomo 风格、背景虚化、局部上色、褪色旧相、黑白效果、冷调泛黄等的暗房特效，可让用户得到风格不同的另一张图片。同样地，用户只需选择对应的特效就可实时预览效果。

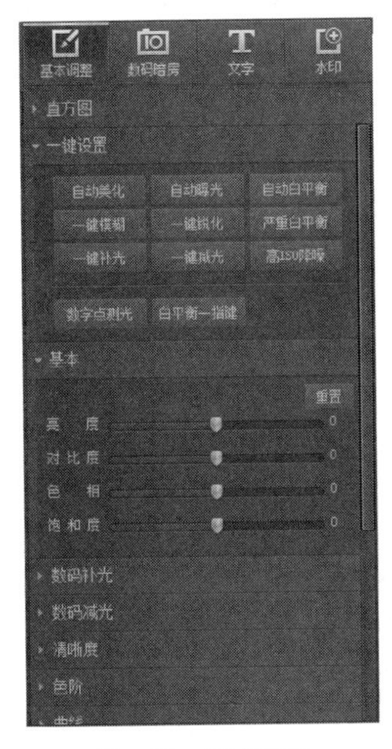

图 4-11　基本调整

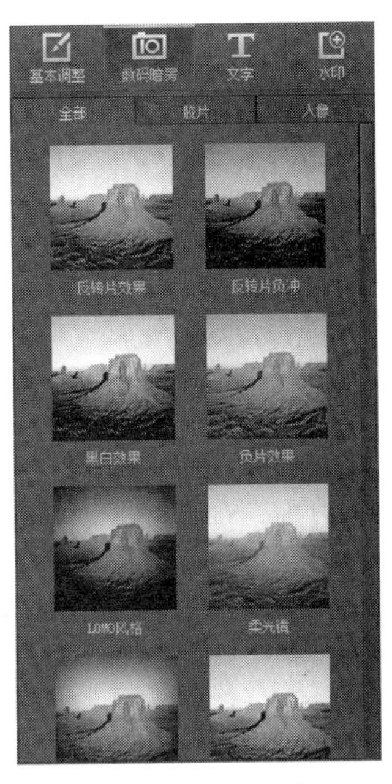

图 4-12　数码暗房

3. 文字水印

在照片中添加文字可以标注或者留下纪念，出色的文字描绘会让照片锦上添花。光影魔术手的添加文字功能，如图 4-13 所示，用户可以快速添加文字，还能对所添加的文字进行随意拖动摆放，实现横排、竖排、发光、描边、阴影、背景等各种效果。水印功能则可设置水印透明度、角度、大小，如图 4-14 所示。

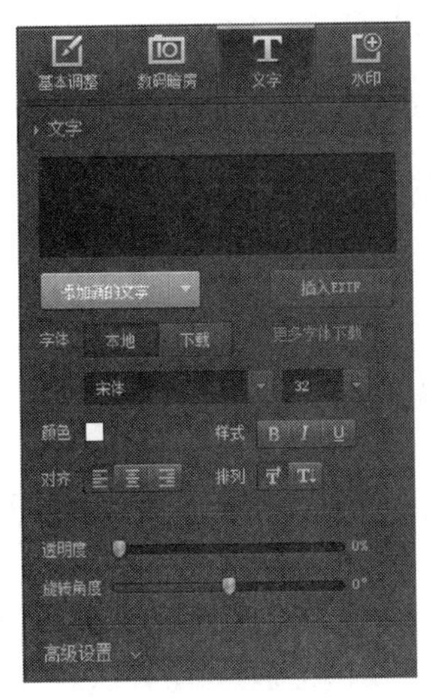

图 4-13　添加文字

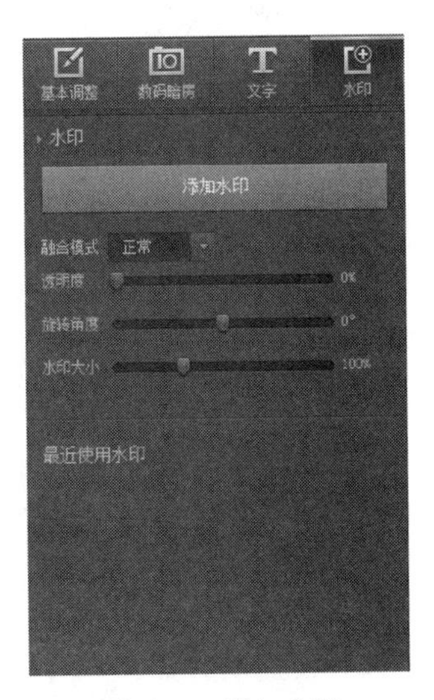

图 4-14　添加水印

4. 素材、边框、拼图和模板

光影魔术手拥有丰富的素材库，分类较为详细，用户可以轻松地将照片套用到素材相框中。此外，还能去官方论坛下载网友们 DIY 的各种素材。素材按钮还包含上传边框和上传字体功能，如图 4-15 所示。

软件提供四类边框和自定义扩边，可以灵活地为图片添加边框，如图 4-16 所示。

光影魔术手的自由拼图功能，为用户准备了多种美丽的背景画布，用户添加图片时可自由选择图片位置、大小与方向，还能添加图片边框，灵活的拼图模式可帮助用户拼出与众不同的图片墙。模板拼图则是根据图片的数量提供确定图片的位置模板，只需要添加图片即可。最后还有图片拼接，有横排和竖排两种拼接方式，如图 4-17 所示。

图 4-15 “素材”菜单

图 4-16 “边框”菜单

图 4-17 “拼图”菜单

模板功能常见的有内置电影边框、摄影作品发布、日系小清新等，如图 4-18 所示。当然也可以通过模板管理查看与编辑、重命名、删除和导入模板。

单击画笔打开画笔工具，提供选择、直线、箭头、曲线等九种操作，如图 4-19 所示。

图 4-18 “模板”菜单

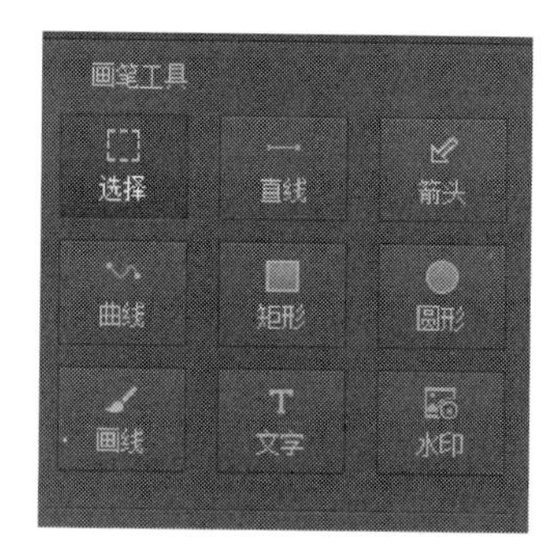

图 4-19 “画笔”工具

5. 抠图

抠图方式有四种，如图 4-20 所示，分别是自动抠图、手动抠图、形状抠图和色度抠图。选定区域后可以替换透明背景、图片背景、纯色背景和模糊背景，如图 4-21 所示。

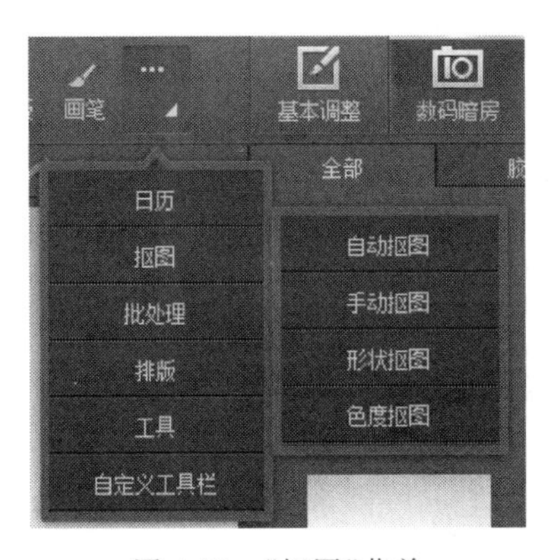

图 4-20 “抠图”菜单

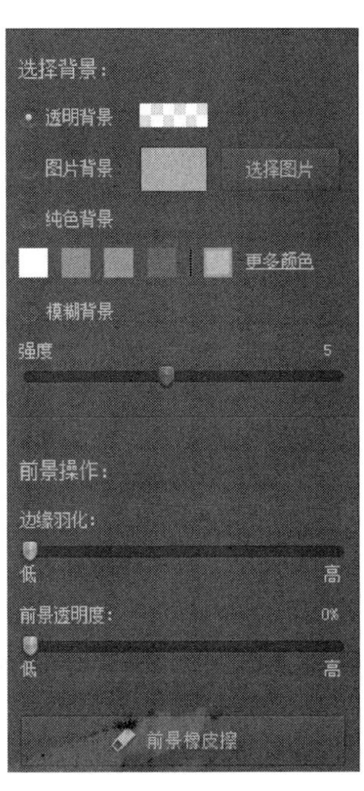

图 4-21 选择背景

6. 批量处理照片

光影魔术手批量处理功能最为强大。该功能可以帮助用户对批量的图片进行一次性处理，如批量添加文字、调整尺寸、添加水印、添加边框和裁剪等操作。批处理向导有三步，第一步是添加照片，如图 4-22 所示；第二步是动作设置，如图 4-23 所示；第三步是输出设置，如图 4-24 所示。

图 4-22 批处理第一步：添加照片

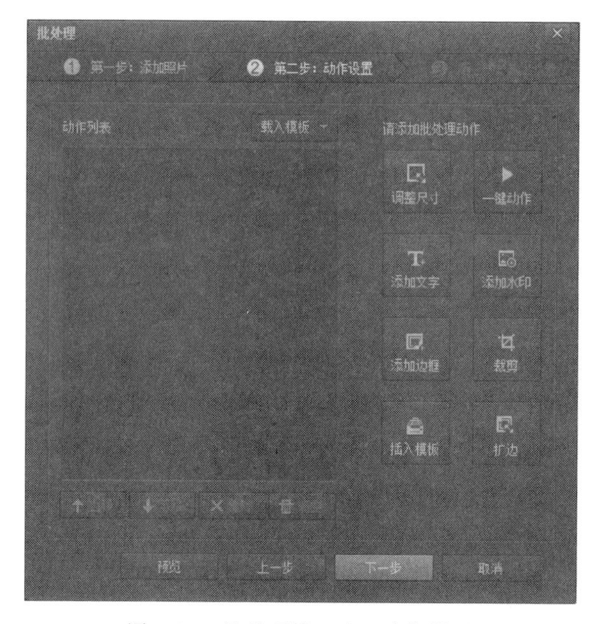

图 4-23 批处理第二步：动作设置

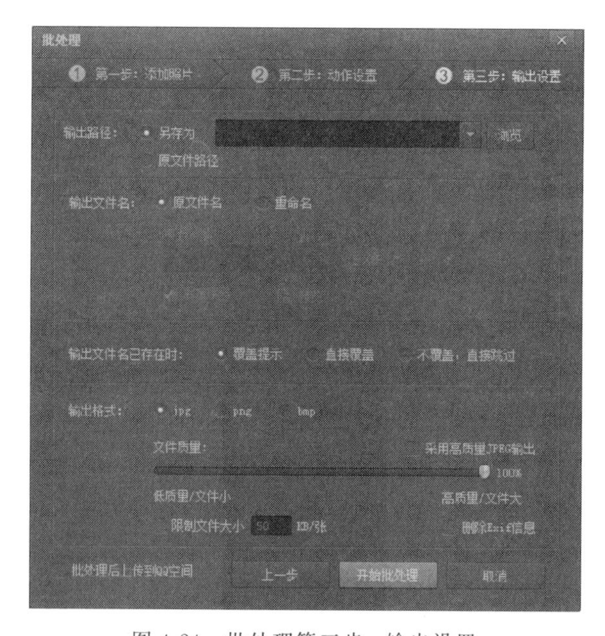

图 4-24 批处理第三步：输出设置

4.4.2 美图秀秀

美图秀秀是 2008 年 10 月 8 日由厦门美图科技有限公司研发并推出的一款免费图片处理的软件，有 iPhone 版、Android 版、PC 版、Windows Phone 版、iPad 版及网页版，致力于为全球用户提供专业智能的拍照、修图服务。

美图秀秀 6.3.3.1 版本有美化图片、人像美容、文字、贴纸饰品、边框和拼图等功能，如图 4-25 所示。

1. 美化图片

一键美化可以对图片进行智能修图，根据图片进行各种参数的变化，例如，亮度、对比度、色相等调整。对于新手来说，不会使用各种参数进行修图，可以用一键美化达到预期的效果，如图 4-25 所示。

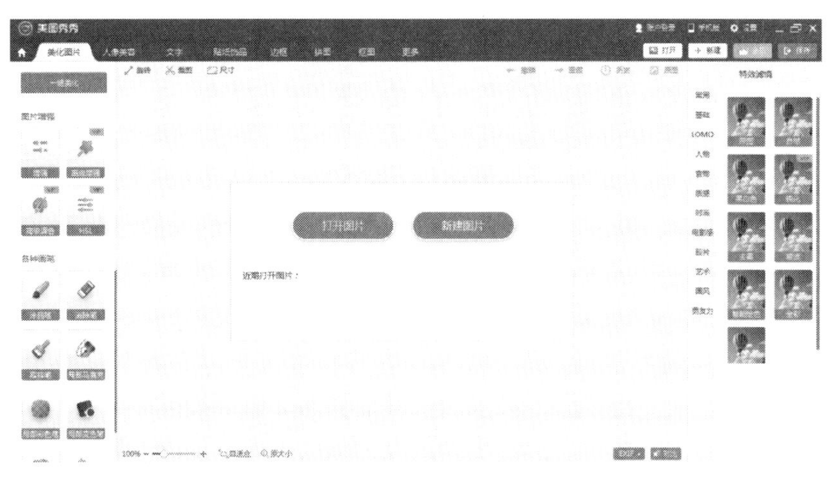

图 4-25 “美化图片”窗口

首先，美化图片窗口左侧是图片增强，如图 4-26 所示。图片增强可以对图片的亮度、对比度、饱和度和清晰度进行调整，还有高级的智能补光、高光和暗影。

其次是各种画笔，如图 4-27 所示，包括涂鸦笔、消除笔、取样笔等。

涂鸦笔有普通、虚线、荧光和纹理四种样式，如图 4-28 所示。画笔的大小从 1 到 100，由细到粗，同时还可以调整透明度。提供涂鸦笔的颜色为常用的八种，当然还可以取色或者通过 RGB 的数值调色。另外还可以选择固定的 13 种画笔形状，如直线、心形、圆形、三角形等。

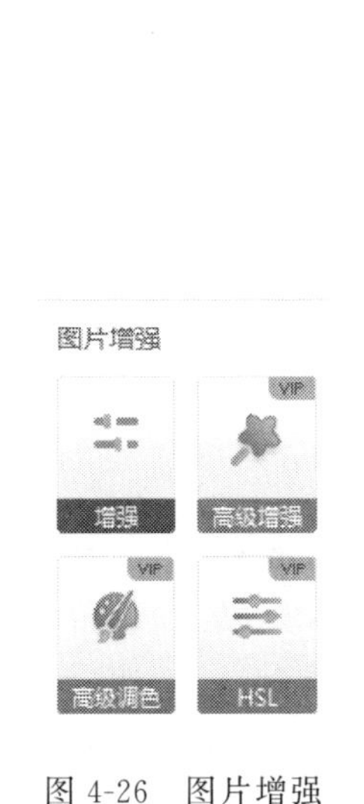

图 4-26 图片增强

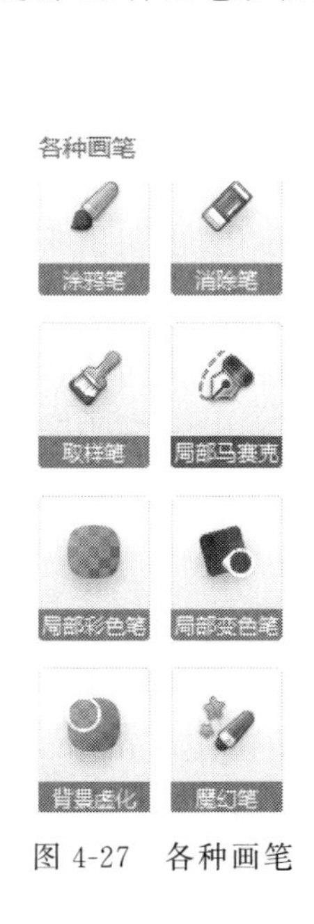

图 4-27 各种画笔

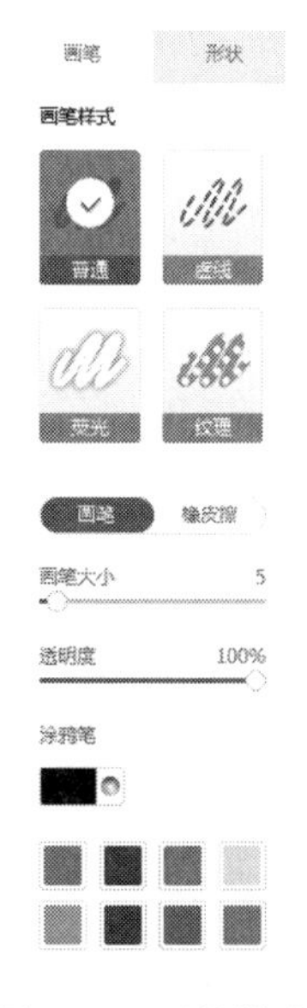

图 4-28 画笔样式

2. 人像美容

面部重塑可以通过滑块调整脸形、眼睛、鼻子和嘴唇，如图 4-29 所示。

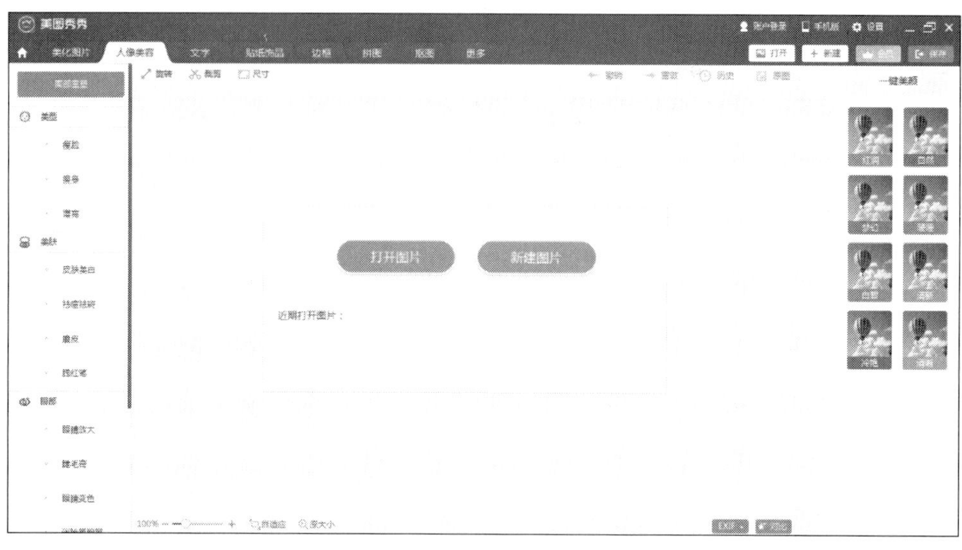

图 4-29 “人像美容”窗口

脸形可以调整下巴和脸宽；眼睛可以调整大小、眼高、倾斜和眼距；鼻子可以调整大小、鼻翼、鼻梁、提升和鼻尖；嘴唇可以调整大小和高度。

“美型”菜单下可以瘦脸、瘦身和增高；“美肤”菜单包括皮肤美白、祛痘祛斑、磨皮和腮红笔；“眼部”菜单包括眼睛放大、睫毛膏、眼睛变色和消除黑眼圈；“其他”菜单包括唇彩、消除红眼、染发和牙齿美白。

3. 文字

“文字”窗口中有三种文字效果：输入文字、会话气泡和文字贴纸，如图 4-30 所示。

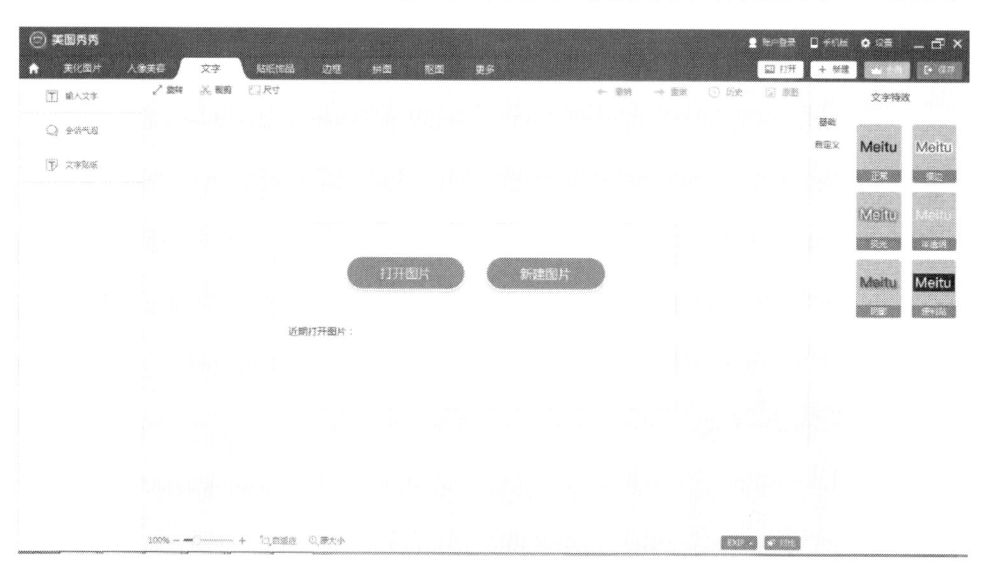

图 4-30 “文字”窗口

单击输入文字打开“文字编辑”对话框，如图 4-31 所示，同时可以调整文字的字体、字号、颜色、样式和对齐等。还有高级设置可以设置文字效果。

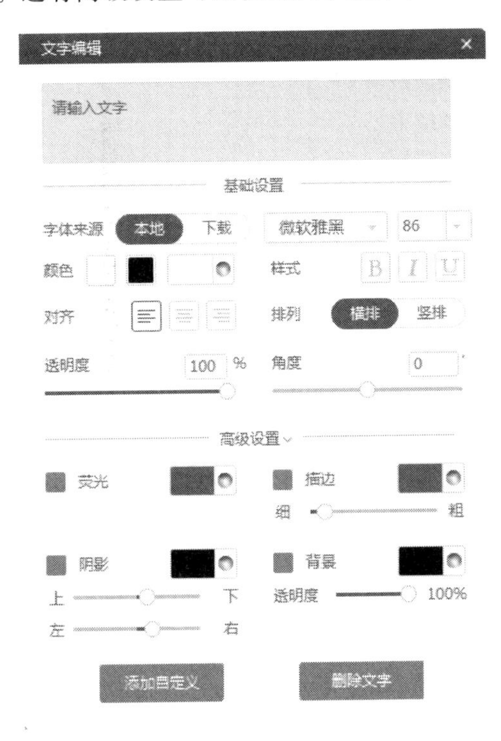

图 4-31　文字编辑

通过会话气泡添加文字可以选择不同样式的图案，如图 4-32 所示。通过漫画文字编辑窗口调整文字，如图 4-33 所示。

图 4-32　会话气泡

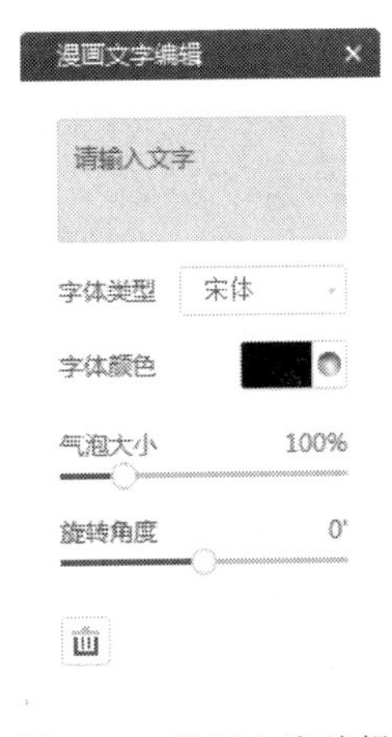

图 4-33　漫画文字编辑

文字贴纸如图 4-34 所示有很多种类,可以通过素材编辑调整,如图 4-35 所示。

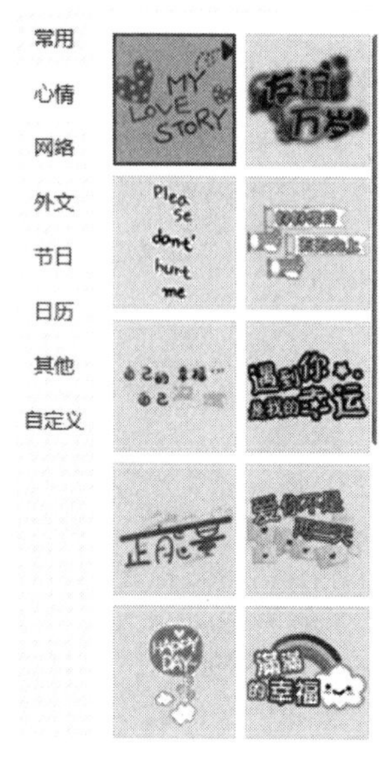

图 4-34 文字贴纸

图 4-35 素材编辑

4. 贴纸饰品

贴纸饰品是为图片添加装饰,美图秀秀提供了许多种类的贴纸饰品,如炫彩水印、潮流遮挡、可爱心等,如图 4-36 所示。

图 4-36 "贴纸饰品"窗口

5. 边框

美图秀秀提供海报边框、简单边框、炫彩边框、文字边框、撕边边框和纹理边框六种边框,如图 4-37 所示。

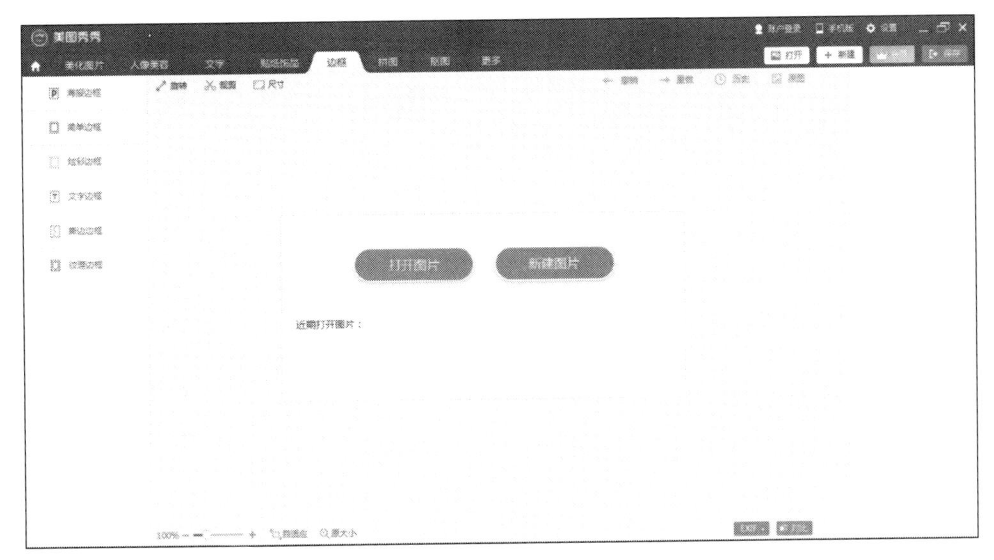

图 4-37 “边框”窗口

6. 拼图

美图秀秀拼图有自由拼图、模板拼图、海报拼图和图片拼接，如图 4-38 所示。

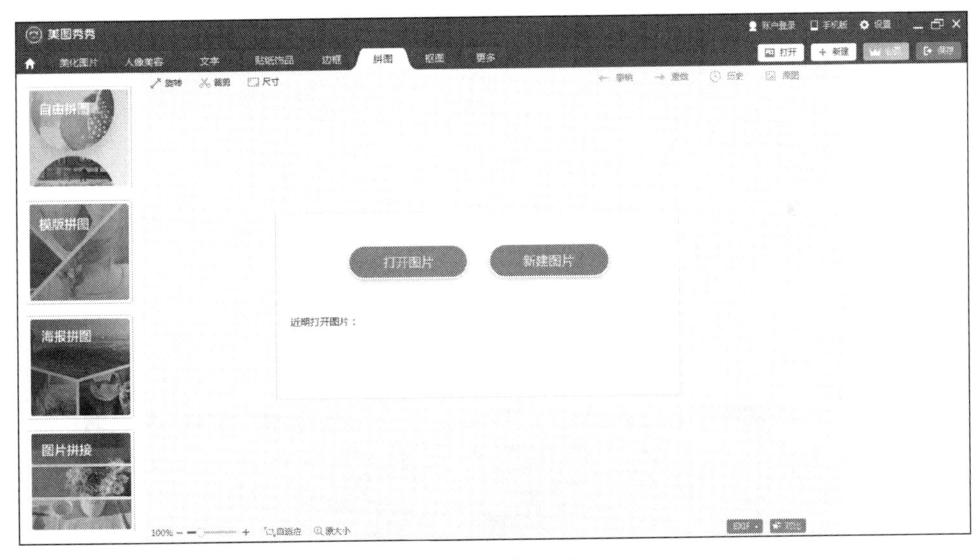

图 4-38 “拼图”窗口

7. 抠图

有三种抠图方式：自动抠图、手动抠图和形状抠图，如图 4-39 所示。

8. 更多选项

“更多”窗口提供九格切图、场景、闪图和美图看看功能，如图 4-40 所示。

使用九宫格需要先打开一张图片，画笔形状提供 16 种边框形状，同时还有 11 种特效，如图 4-41 所示。

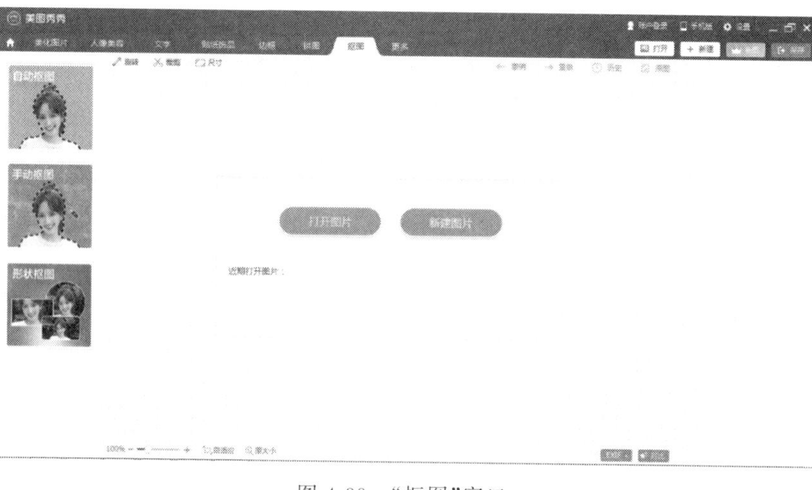

图 4-39　“抠图”窗口

图 4-40　“更多”窗口

图 4-41　九宫格

场景可提供逼真场景，可以将图片置于特殊场景之中，可以通过在线素材下载使用。也可以左键选中图片进行位置的调整，如图 4-42 所示。闪图可以通过在线素材制作闪动图片，并可以调节速度快慢，如图 4-43 所示。

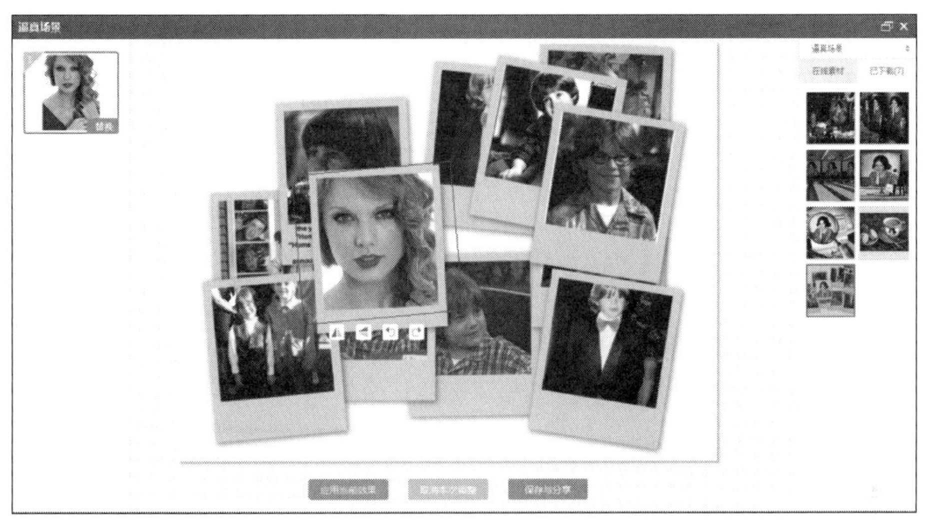

图 4-42　逼真场景

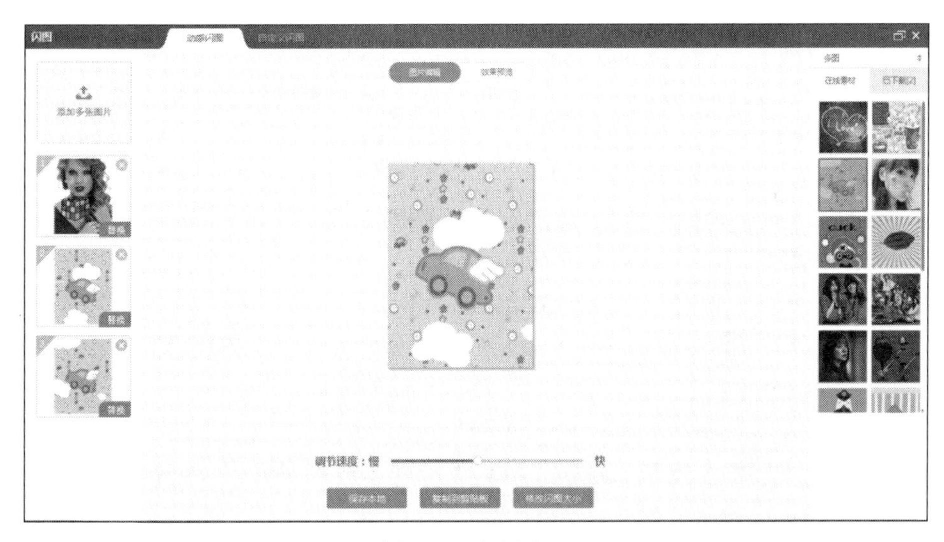

图 4-43　闪图窗口

习　　题

一、单选题

1. 下列(　　)不是或不完全是图像文件的格式。

   A. JPEG 或 JPG　　　　B. GIF 和 PNG

   C. PSD 和 RAW　　　　D. TIFF 和 RAR

2. 下列(　　)是图像浏览和处理工具。

A. ACDSee　　B. Snagit

C. Image Optimizer　　D. FlashPaper

3. 下列(　　)是屏幕抓图工具软件。

A. ACDSee　　B. Snagit

C. Image Optimizer　　D. FlashPaper

4. 下列(　　)软件能进行图像批量压缩。

A. ACDSee　　B. Snagit

C. Image Optimizer　　D. FlashPaper

5. ACDSee 对图片进行浏览的方式有(　　)。

A. 全屏幕浏览　　B. 固定比例浏览

C. 自动播放图片浏览　　D. 以上都可以

6. 能够批量调整图片文件的大小和格式的软件是(　　)。

A. ACDSee　　B. Snagit

C. Image Optimizer　　D. FlashPaper

7. 在 ACDSee 中能够打开“批量调整曝光度”的快捷键是(　　)。

A. Ctrl+F　　B. Ctrl+R　　C. Ctrl+L　　D. Ctrl+J

8. 在 ACDSee 中能够打开“批量转换文件格式”的快捷键是(　　)。

A. Ctrl+F　　B. Ctrl+R　　C. Ctrl+L　　D. Ctrl+J

9. 在 Image Optimizer 中能够打开“批处理向导”对话框的快捷键是(　　)。

A. Ctrl+A　　B. Ctrl+B　　C. Ctrl+C　　D. Ctrl+D

10. 在网络速度比较慢的情况下,(　　)技术允许在浏览器上先生成一个质量很低的 JPEG 图像,然后逐渐由模糊到清晰,显示质量逐渐提高。

A. 额外颜色　　B. 注释　　C. 渐进　　D. 灰度

二、判断题(正确的填写“√”,错误的填写“×”)

1. 图像格式即图像文件存放在卡上的格式,通常有 JPEG、GIF、SVG、TIFF、RAW、PNG 等。(　　)

2. 图像文件可以通过压缩来减少存储容量。(　　)

3. PSD 是一种图形交换格式。GIF 格式是一种无损压缩格式,压缩比高,产生的文件较小,有利于在网络上传输。(　　)

4. GIF 是未经处理也未经压缩的格式。(　　)

5. JPEG 图像支持透明和动画效果。(　　)

6. 通常以每英寸的像素数即 PPI(Pixels Per Inch)为单位来表示分辨率的大小。(　　)

7. 显示分辨率也叫屏幕分辨率,它是指显示器所能显示的像素有多少,表示屏幕图像的精密度。(　　)

8. 数据压缩的目的就是通过去除数据冗余来减少表示数据所需的比特数。(　　)

9. 无损压缩一般比有损压缩具有更大的压缩比。(　　)

10. 自然界中所有的颜色都可以用红、绿、蓝(RGB)这三种颜色波长的不同强度组合而来。(　　)

11. 选定需要批处理的图片后，按下快捷键 Ctrl＋H，可以打开“批量调整图像大小”对话框。（　　）

12. 按下快捷键 Ctrl＋T，能够打开“批量调整时间标签”对话框。（　　）

13. 在 Snagit 中，魔术压缩就是在标准压缩的基础上进一步压缩。（　　）

14. 额外压缩可以将图像压得更小，但压缩质量却远不如魔术压缩。（　　）

15. 当用户对图像的质量要求很高的时候，区域处理技术比较有用。（　　）

第5章 影音播放软件

相关知识背景

人们在使用计算机的时候,会发现其功能非常强大,它既可以为我们带来工作的便利,又可以为我们提供许多娱乐的功能。而要实现娱乐功能,就必须使用影音播放软件。不同的影音播放软件功能虽大同小异,但都有各自的特点,用户可以根据使用习惯进行选择。本章介绍几款常用的影音播放软件,包括酷狗音乐、QQ 音乐 PPTV、暴风影音、格式工厂和 Camtasia Studio 等。

主要内容:

☞ 音频播放软件

☞ 电视直播软件

☞ 影音播放软件

☞ 多媒体文件格式转换工具

☞ 视频剪辑处理软件

随着计算机技术、网络技术与多媒体技术的飞速发展,计算机已经渗入到人们生活的各个领域,它不但能为我们提供强大的处理功能,还为我们提供了新的休闲娱乐方式,让我们的生活更加丰富多彩。听音乐、看电影、在线收听音频、收看视频等也已经成为我们上网时必不可少的事情。在本章中,将介绍一些使用率高、功能强大的音频视频工具软件,如酷狗音乐、PPTV、暴风影音和格式工厂等。利用它们,人们不但可以尽情地欣赏自己喜欢的音频视频文件,还可以随心所欲地进行加工,打造自己的音频视频作品。

5.1 音频文件相关知识

音频文件是计算机存储声音的文件。在计算机及各种手持设备中,有许多种类的音频文件,承担着不同环境下存储声音信息的任务。这些音频文件大体上可以分为以下几类。

1. WAV

WAV(WAVE,波形声音)是微软公司开发的音频文件格式。早期的 WAV 格式并不支持压缩。随着技术的发展,微软和第三方开发了一些驱动程序,以支持多种编码技术。WAV 格式的声音,音质非常优秀,缺点是占用磁盘空间较多,不适用于网络传播和各种光盘介质存储。

2. APE

APE 是 Monkey's Audio 开发的音频无损压缩格式,其可以在保持 WAV 音频音质不变的情况下，将音频压缩至原来大小的58%左右，同时支持直接播放。使用Monkey's Audio的软件，还可以将APE音频还原为WAV音频，还原后的音频质量和压缩前的音频质量完全一样。

3. FLAC

FLAC(Free Lossless Audio Codec，免费的无损音频编码)是一种开源的免费音频无损压缩格式。相比APE，FLAC格式的音频压缩比略小，但压缩和解码速度更快，同时在压缩时也不会损失音频数据。

4. MP3

MP3(MPEG-1 Audio Layer 3，第三代基于MPEG1级别的音频)是目前网络中最流行的音频编码及有损压缩格式之一，也是最典型的音频编码压缩方式之一。其舍去了人类无法听到和很难听到的声音波段，然后再对声音进行压缩，支持用户自定义音质，压缩比甚至可以达到源音频文件的1/20，而仍然可以保持尚佳的效果。

5. WMA

WMA(Windows Media Audio，Windows媒体音频)是微软公司开发的一种数字音频压缩格式，其压缩率比MP3格式更高，且支持数字版权保护，允许音频的发布者限制音频的播放和复制的次数等，因此受到唱片发行公司的欢迎，近年来用户数量增长较快。

6. RA格式

RA采用的是有损压缩技术，由于它的压缩比相当高，因此音质相对较差，但是文件也是最小的，因此在高压缩比条件下表现好，但若在中、低压缩比条件下时，表现反而不及其他同类型格式了。此外，RA可以随网络带宽的不同而改变声音质量，以使用户在得到流畅声音的前提下，尽可能高地提高声音质量。由于RA格式的这些特点，因此特别适合在网络传输速度较低的互联网上使用，互联网上许多的网络电台、音乐网站的歌曲试听都在使用这种音频格式。

7. MIDI格式

MIDI(Musical Instrument Digital Interface，乐器数字接口)最初应用在电子乐器上，用来记录乐手的弹奏，以便以后重播。不过随着在计算机里面引入了支持MIDI合成的声音卡之后，MIDI才正式地成为一种音频格式。MID文件格式由MIDI继承而来，它并不是一段录制好的声音，而是记录声音的信息，然后再告诉声卡如何再现音乐的一组指令。MIDI文件重放的效果完全依赖声卡的档次。*.mid格式的最大用处是在计算机作曲领域。

8. OGG(OGG Vorbis)格式

OGG全称是OGG Vorbis，是一种较新的音频压缩格式，类似于MP3等现有的音乐格式。但有一点不同的是，它是完全免费、开放和没有专利限制的。OGG Vorbis支持多声道，文件的设计格式非常灵活，它最大的特点是在文件格式已经固定下来后还能对音质进行明显的调节和使用新算法。在压缩技术上，OGG Vorbis的最主要特点是使用了VBR(可变比特率)和ABR(平均比特率)方式进行编码。与MP3的CBR(固定比特率)相比可以达到更好的音质。

9. AAC格式

AAC是高级音频编码的意思，苹果iPod、诺基亚手机也支持AAC格式的音频文件。AAC是由Fraunhofer IIS-A、杜比和AT&T共同开发的一种音频格式，它是MPEG-2规范的一部分。AAC 所采用的运算法则与 MP3 的运算法则有所不同，AAC 通过结合其他的功能来提高编码效率。AAC 的音频算法在压缩能力上远远超过了以前的一些压缩算法（如 MP3 等）。

5.2 酷狗音乐

酷狗音乐是国内一款专业的 P2P 音乐共享软件，主要提供在线文件交互传输服务和互联网通信。酷狗音乐采用了 P2P 的构架设计研发，为用户设计了高传输效果的文件下载功能，通过它能实现 P2P 数据分享传输，还有支持用户聊天、播放器等完备的网络娱乐服务，好友间也可以实现任何文件的传输交流。通过酷狗音乐，用户可以方便、快捷、安全地实现音乐查找、即时通信、文件传输、文件共享等网络应用。

5.2.1 搜索想听的歌曲

酷狗音乐提供了强大的歌曲搜索功能，既支持按文本搜索，也能够“听歌识曲”按语音搜索；既可以按歌曲、歌手名字进行搜索，也可以按歌词进行搜索。有时候我们偶尔听到一两句哼唱的歌词，但并不知道歌曲名字，也不知道是哪个歌手唱的，以前经常使用的方法是用百度搜索歌词，查到歌曲名字后再去搜索这首歌，现在可以直接在酷狗音乐中搜索歌曲并下载了。

【案例 5-1】 搜索歌曲“我的中国心”，并进行下载和播放。

案例实现：

（1）双击图标启动“酷狗音乐”，在上方搜索栏中输入歌曲名“我的中国心”，如图 5-1 所示。

图 5-1　酷狗音乐界面

（2）单击“搜索”按钮或按 Enter 键，显示如图 5-2 所示界面，在歌曲后面提供了“播放”“添加到列表”“下载”按钮。

图 5-2 “搜索歌曲”界面

（3）单击歌曲后面的“播放”按钮将播放歌曲。单击歌曲后面的“下载”按钮，打开如图 5-3 所示对话框，选择歌曲音质和下载地址后，单击“立即下载”按钮可完成歌曲下载。

图 5-3 “下载窗口”界面

5.2.2 收听酷狗电台

酷狗音乐提供了多个可供用户收听的电台，涵盖了综艺、文娱和音乐等各个方面。在酷狗的主界面中单击“电台”标签，在该标签中含有四个分类，分别是公共电台、高潮电台、真人电台和网友电台，每个分类下面又包含多个小分类。

【案例 5-2】 添加自己喜欢的电台节目，删除某些不想收听的电台。

案例实现：

(1) 启动“酷狗音乐”，单击“电台”标签下方的“公共电台”标签，在下方电台列表中选择自己喜欢的栏目并单击“播放”按钮，该电台将自动添加到左侧“音乐电台”中，如图 5-4 所示。

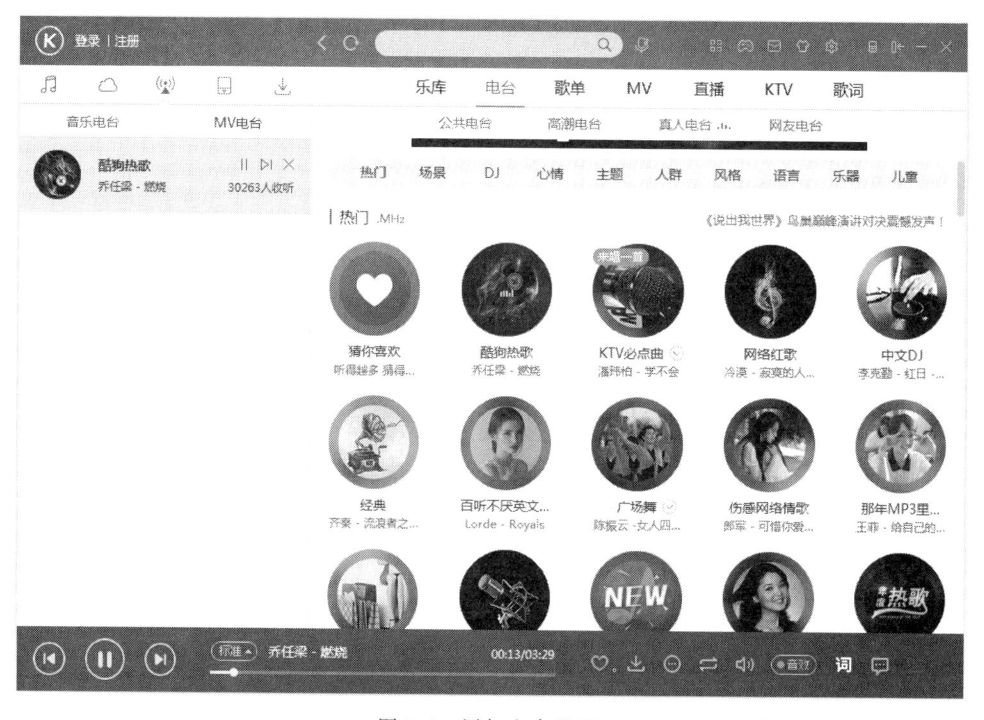

图 5-4　添加电台界面

(2) 在左侧“音乐电台”中，单击电台节目后面的“删除电台”按钮，删除该电台节目，如图 5-5 所示。

5.2.3 收看精彩 MV

酷狗音乐提供了 MV 收看功能。在酷狗主界面中单击 MV 标签，该标签分为三类，分别是 MV 电台、MV 推荐和繁星 MV，每个分类下面又包含多个小分类。

5.2.4 制作手机铃声

我们常常会特别喜欢一首歌而想把它制作成手机铃声，但网上下载手机铃声需要付费，把整首歌曲当作手机铃声，开场伴奏又占了很长的时间。使用酷狗音乐提供的制作手机铃声功能，可以随心所欲地制作自己喜欢的手机铃声。

图 5-5　删除电台界面

【案例 5-3】 将歌曲“我的中国心”的 1 分 30 秒到 1 分 47 秒片段制作成手机铃声，并添加曲首淡入和曲尾淡出效果。

案例实现：

(1) 启动“酷狗音乐”，单击“搜索栏”右侧的“工具”按钮，打开如图 5-6 所示“应用工具”对话框。

图 5-6　“应用工具”对话框

(2) 单击“铃声制作”按钮,打开“酷狗铃声制作专家”对话框。

(3) 在打开的“酷狗铃声制作专家”对话框中,单击“添加歌曲”按钮,添加歌曲“我的中国心”,设置起点为1分05秒,设置终点为1分47秒,勾选“曲首淡入”和“曲尾淡出”复选框,并设置时长为1000毫秒,如图5-7所示。

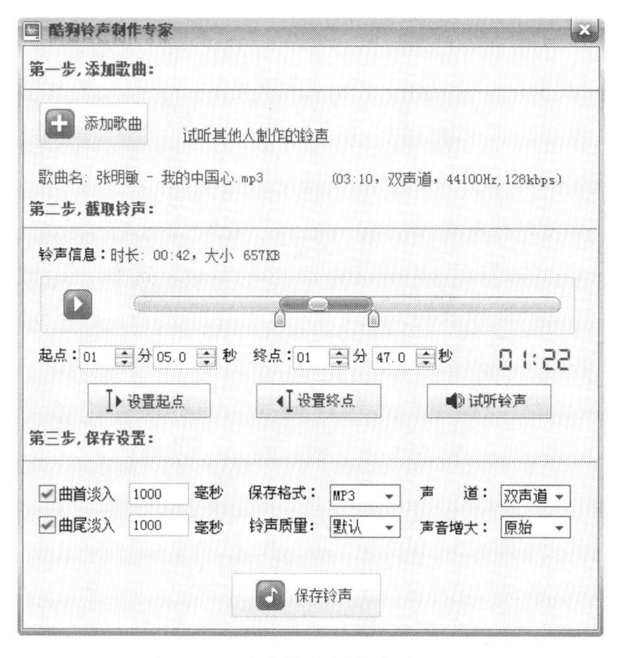

图5-7 “酷狗铃声制作专家”界面

(4) 单击“保存铃声”按钮,将手机铃声保存为MP3格式,如图5-8所示。

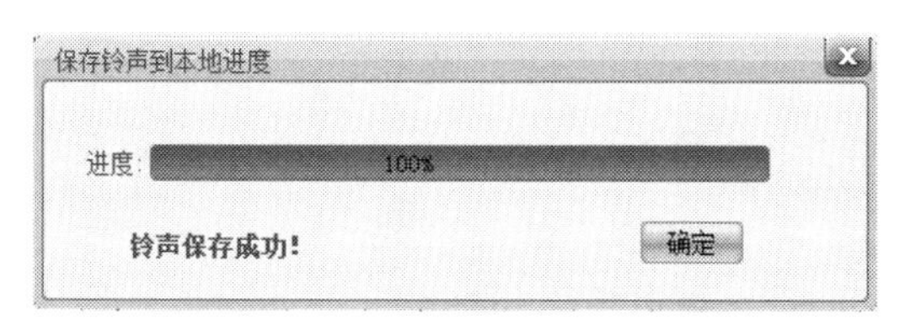

图5-8 保存成功界面

5.2.5 定时设置功能

随着社会的发展,现代人对于计算机和软件的要求越来越高,想不想睡觉前听首歌,在歌声中安然入睡,在早晨起来的时候计算机也关机了?酷狗音乐提供了定时设置功能,包括定时停止、定时播放和定时关机三项内容,可以满足我们的需要。

【案例5-4】 设置酷狗音乐在指定时间停止播放音乐和关机。

案例实现:

(1) 启动“酷狗音乐”,单击“搜索栏”右侧的“工具”按钮,打开“应用工具”对话框,单击“定时设置”按钮,打开如图5-9所示对话框。

(2) 单击“定时关机”选项,设置参数如图5-10所示。

图 5-9 “定时设置”对话框

图 5-10 “定时关机”参数设置

除以上功能外，酷狗音乐还提供了网络测速、在线 KTV、酷狗收音机和格式转换等实用工具，让我们在欣赏音乐之余，还可以满足制作音乐的需求。

5.3 使用电视直播软件 PPTV

PPTV 网络电视，别名为 PPLive，是一款基于 P2P 技术的网络电视直播软件，全面聚合和精编了涵盖影视、体育、娱乐、资讯等各种热点视频内容，并以视频直播和专业制作为特色，支持对海量高清影视内容的“直播＋点播”功能。

5.3.1 选择频道观看电视直播

使用 PPTV 看电视直播是 PPTV 的主要功能，必须首先下载和安装该软件，参考下载地址为 http://app.pptv.com/。安装成功后，即使在没有有线电视的情况下也可以直接在网上通过 PPTV 看电视直播了。

【案例 5-5】 使用 PPTV 观看 CCTV5 电视节目。

案例实现：

(1) 启动 PPTV，单击左侧“导航栏”中的“直播”命令，打开如图 5-11 所示界面，在众多分类中选择想要观看的电视节目。

图 5-11 PPTV 直播界面

(2) 单击上方标题栏中的“播放”选项卡，选择右侧的“电视”栏目，在如图 5-12 所示界面中选择想要观看的电视节目。

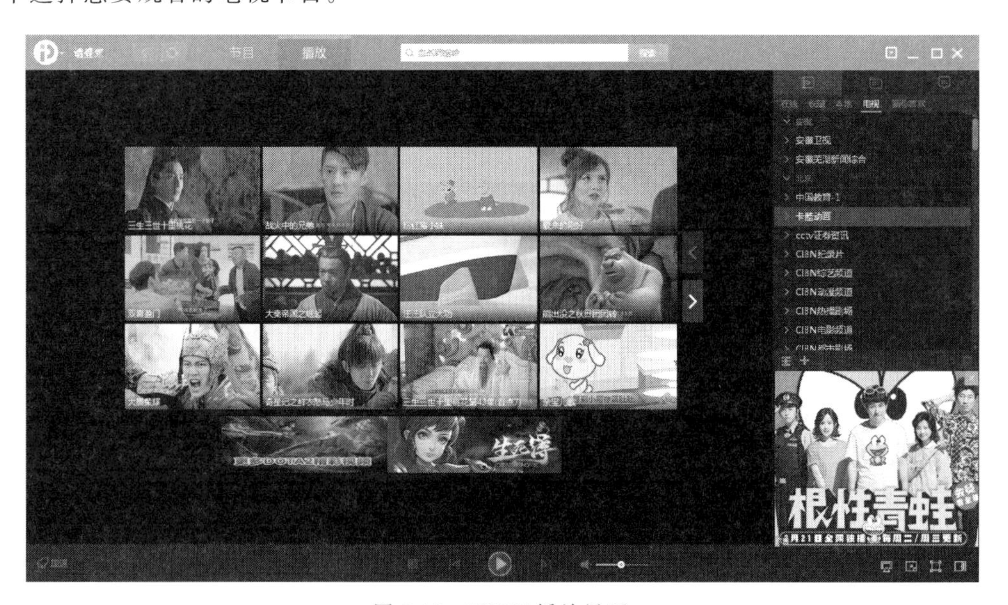

图 5-12 PPTV 播放界面

需要说明的是：上述两种方法均可以观看电视直播，但前者是在浏览器中观看，后者是用 PPTV 软件观看。

5.3.2 订阅想看的电视节目

PPTV 还提供了订阅提醒功能，使用该功能就可以有效避免因多种原因忘记观看自己喜欢的电视节目这一现象。

【案例 5-6】 使用 PPTV 的订阅提醒功能订阅某电视节目。

案例实现：

（1）启动 PPTV，单击左侧“导航栏”中的“直播”命令，单击想要观看的电视节目右下角的“订阅”按钮，如图 5-13 所示。任务栏 PPTV 图标会提示“预约提醒操作成功，节目开始前您将收到消息提醒”，如图 5-14 所示。

（2）再次单击电视节目右下角的“取消”按钮，可取消电视节目的预约提醒，如图 5-15 所示。

图 5-13 PPTV 订阅功能

图 5-14 PPTV 订阅成功提示

图 5-15 PPTV 取消订阅提示

5.3.3 搜索播放下载电影

PPTV 提供了海量高清影视，最新大片一网打尽，涵盖动作、科幻、爱情、动画等几大分类，也可以按地区、时间等进行检索。同时支持在线播放和下载功能，也可选择不同清晰度的影片。

【案例 5-7】 使用 PPTV 搜索让·雷诺的《卢旺达饭店》并下载。

案例实现：

（1）启动 PPTV，单击左侧“导航栏”中的“电影”命令，在上方搜索栏中输入“卢旺达饭店”，打开如图 5-16 所示界面。

（2）单击电影海报右侧的“下载”命令，打开如图 5-17 所示对话框。

（3）选择合适的清晰度，单击“立即下载”按钮，打开如图 5-18 所示窗口，可以查看下载任务进程。

注意： *PPTV 必须登录后才可下载电影，且下载电影的数量以及清晰度均根据会员级别有不同要求。*

5.3.4 使用播放记录功能

PPTV 的播放记录功能也是非常强大的。如果用户临时中断观看某段视频，那么在 PPTV 主界面的左侧“导航栏”中单击“记录”命令，会显示该用户最近观看过的所有视频，以及观看进度，单击“继续播放”按钮，即可从中断处继续观看。

图 5-16　搜索电影界面

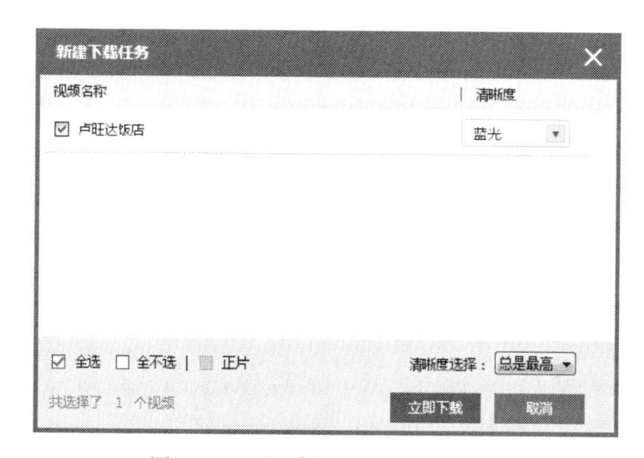

图 5-17　“新建下载任务”对话框

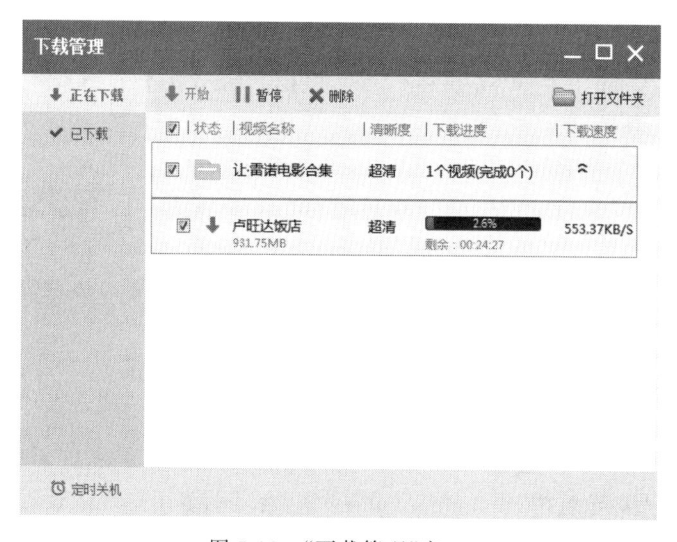

图 5-18　“下载管理”窗口

5.4 影音播放软件——暴风影音

暴风影音是北京暴风科技有限公司推出的一款视频播放器，该播放器兼容大多数视频和音频格式。该软件是目前最为流行的一款影音播放软件。支持超过 500 种视频格式，使用领先的 MEE 播放引擎，使播放更加清晰顺畅。

5.4.1 视频文件类型

视频文件是指通过将一系列静态影音以电信号的方式加以捕捉、记录、处理、存储、传送和重视的文件。即视频文件就是具备动态画面的文件，与之对应的就是图片、照片等静态画面的文件。目前，视频文件的格式多种多样，下面对几种最常见的格式进行介绍。

1. AVI

AVI 英文全称为 Audio Video Interleaved，即音频视频交错格式，是微软公司于 1992 年 11 月推出、作为其 Windows 视频软件一部分的一种多媒体容器格式。AVI 文件将音频（语音）和视频（影像）数据包含在一个文件容器中，允许音视频同步回放。类似 DVD 视频格式，AVI 文件支持多个音视频流。这种视频格式的优点是可以跨多个平台使用，图像质量好，其缺点是体积过于庞大，在网络环境中适应性较差。

2. WMV

WMV（Windows Media Video，Windows 媒体视频）是微软开发的一系列视频编解码和其相关的视频编码格式的统称，是微软 Windows 媒体框架的一部分。WMV 包含三种不同的编解码：为 Internet 上的流应用而开发设计的 WMV 原始的视频压缩技术；为满足特定内容需要的 WMV 屏幕和 WMV 图像的压缩技术；作为物理介质的发布格式，比如高清 DVD 和蓝光光碟，即所谓的 VC-1。WMV 格式的特点是体积小，适合在网上播放和传输。

3. MPEG

MPEG 包括 MPEG1、MPEG2 和 MPEG4。MPEG1 被广泛应用在 VCD 制作和视频片段下载的网络应用上，可以说 99%的 VCD 都是用 MPEG1 格式压缩的。MPEG2 则应用在 DVD 的制作方面，同时在一些 HDTV 和一些高要求视频编辑、处理上也有应用，其图像质量性能方面的指标比 MPEG1 高得多。MPEG4 是一种新的压缩算法，它采用开放的编码系统，能实现更好的多媒体内容互动性及全方位的存取性，支持多种多媒体应用。凭借出色的性能，MPEG4 在多媒体传输、多媒体存储等领域得到了广泛的应用。

4. DivX

DivX 是一项由 DivXNetworks 公司发明的，类似于 MP3 的数字多媒体压缩技术。DivX 基于 MPEG-4，可以把 MPEG-2 格式的多媒体文件压缩至原来的 10%，更可把 VHS 格式的文件压至原来的 1%。这种编码的视频，只要 300MHz 以上 CPU、64MB 内存和一个 8MB 显存的显卡就可以流畅地播放了。采用 DivX 的文件小，图像质量更好，一张 CD 可容纳 120min 的质量接近 DVD 的电影。

5. MKV

Matroska 多媒体容器（Multimedia Container）是一种开放标准的自由的容器和文件格式，这个封装格式可把多种不同编码的视频及 16 条或以上不同格式的音频和语言不同的字幕封装到一个 Matroska Media 文档内。Matroska 同时还可以提供非常好的交互功能，而且比 MPEG 方便、强大。Matroska 最大的特点就是能容纳多种不同类型编码的视频、音频及字幕流，甚至囊括了 RealMedia 及 QuickTime 这类流媒体，可以说是对传统媒体封装格式的一次大颠覆。

6. RM/RMVB

RMVB 的前身为 RM 格式，它们是 Real Networks 公司制定的音频视频压缩规范，根据不同的网络传输速率，而制定出不同的压缩比率，从而实现在低速率的网络上进行影像数据实时传送和播放，具有体积小、画质佳的优点。

7. MOV

MOV 即 QuickTime 影片格式，它是苹果公司开发的一种音频、视频文件格式，用于存储常用数字媒体类型。在相当长的一段时间内，都只在苹果 Mac 机上存在，后来才发展到支持 Windows 平台，可以说是视频流技术的创始者。

5.4.2 播放本地及网络电影

暴风影音除了兼具影音播放功能以外，同时还提供了海量电影供用户在线观看。一般情况下，只要暴风影音作为视频文件的默认打开程序，双击视频文件即可进行播放。

【案例 5-8】 使用暴风影音播放本地电影，通过搜索在线观看电影并实现下载。

案例实现：

(1) 双击图标启动“暴风影音”，界面如图 5-19 所示。选择“播放列表”选项卡，单击“添加到播放列表”按钮，或者单击屏幕中间暴风影音图标下方的“打开文件”按钮，选择要播放的视频文件即可。

图 5-19 暴风影音界面

(2) 打开“影视列表”选项卡,在“搜索栏”中输入要查找的电影名,按 Enter 键,双击找到的电影即可在线播放。界面如图 5-20 所示。

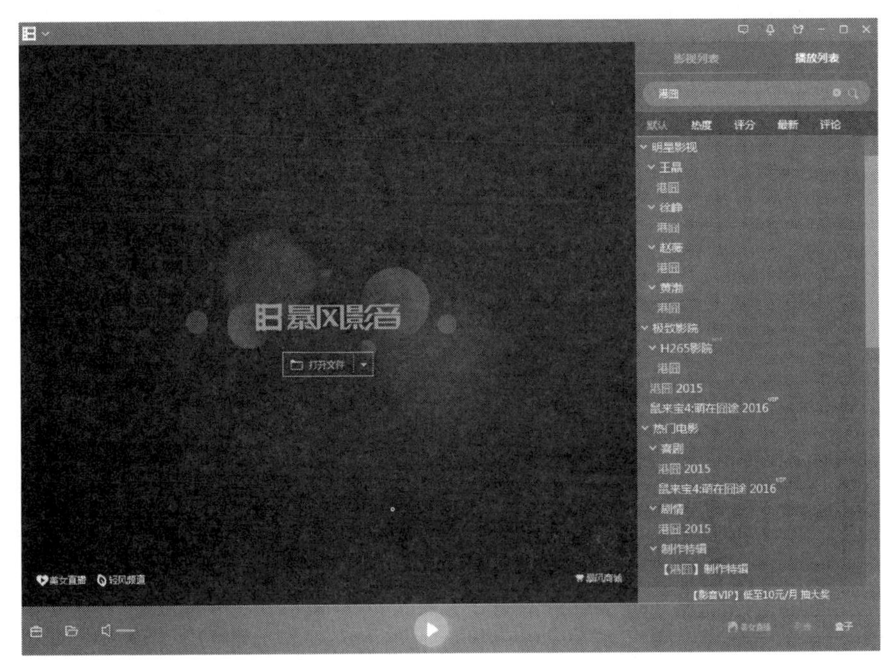

图 5-20 “搜索电影”界面

(3) 右击电影名,在弹出的快捷菜单中选择“下载”命令,打开如图 5-21 所示对话框,设置完保存路径,单击“确定”按钮下载电影。

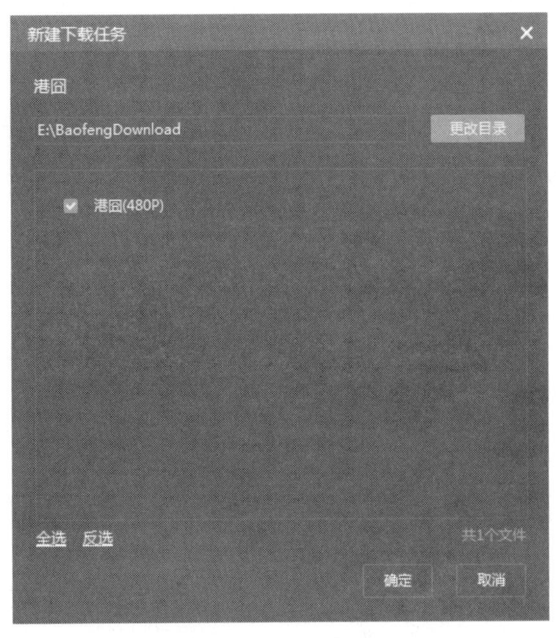

图 5-21 “新建下载任务”对话框

5.4.3 截图和连拍截图

暴风影音提供了两种截图方案，截图功能即每次只截一张图。连拍截图就是对整个视频中一个设定的片段距离进行多次截图，再将所有截图组合到一张图片上，常用于用户分享视频。

【案例 5-9】 使用暴风影音的截图和连拍截图功能分别进行截图操作。

案例实现：

(1) 选择一个电影进行播放，单击“播放”按钮右侧的“截图”按钮，即可完成截图，在电影下方会显示截图保存路径，单击可打开该文件夹。

(2) 单击左下角“工具箱”按钮，打开如图 5-22 所示工具箱，选择“连拍”命令，完成连拍截图，最终效果如图 5-23 所示。

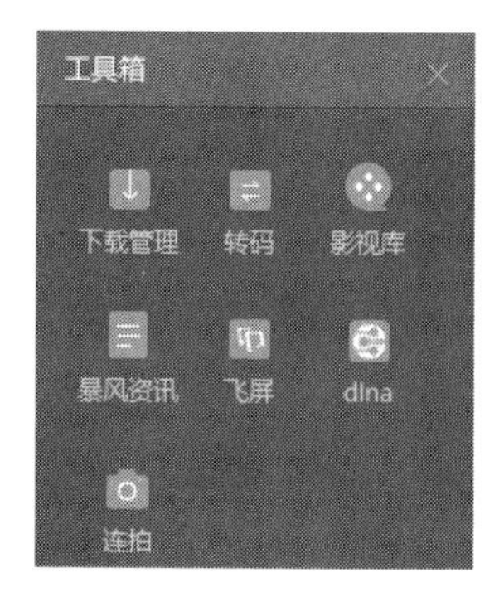

图 5-22 “工具箱”界面

5.4.4 截取片段和视频转码

随着智能手机的飞速发展，越来越多的人开始使用手机看视频，如何能将计算机里的视频文件放到手机里播放。暴风影音提供了视频转码功能，通过该功能可对视频编码、音频编码、分辨率、帧数率等参数进行调整，将视频输出为可以放到手机、平板电脑、PSP、MP4 播放器等移动设备上的文件格式。

图 5-23 截图效果

【案例 5-10】 使用暴风影音对电影分别进行截取片段和视频转码操作,要求将电影片段输出为手机播放格式。

案例实现:

(1) 选择一个电影进行播放,在画面上单击右键,在弹出的快捷菜单中选择“视频转码/截取”中的“片段截取”命令,打开如图 5-24 所示窗口。

图 5-24 “暴风转码”窗口

(2) 单击“添加文件”按钮,选择转码电影。单击输出设置的详细参数,设置输出格式。在右侧的“片段截取”中,设置截取片段的开始和结束时间,单击“开始”按钮,显示如图 5-25 所示界面,开始转码。

图 5-25 转码界面

5.4.5 设置高级选项

通过设置暴风影音的高级选项,可以提高软件的使用效率,为用户观看视频提供便利条件。

单击左上角暴风图标,选择"高级选项"命令,打开"高级选项"对话框,主要包括常规设置和播放设置两大类。常规设置又包括列表区域、文件关联、热键设置、截图设置、隐私设置、启动与退出、升级与更新、资讯与推荐、缓存设置、网络运营商等项目,播放设置包括基本播放设置、播放记忆、屏幕设置、声卡、高清播放设置等项目,如图 5-26 所示。

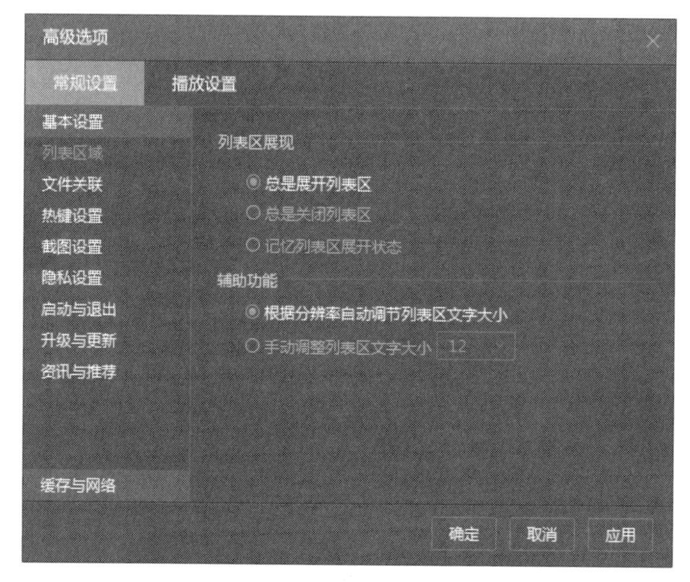

图 5-26 "高级选项"对话框

5.5 视频格式转换工具——格式工厂

格式工厂(Format Factory)是由上海格式工厂网络有限公司于 2008 年 2 月创建的,是面向全球用户的互联网软件。格式工厂发展至今,已经成为全球领先的视频图片等格式转换客户端。格式工厂是一款万能的多媒体格式转换软件,它支持几乎所有多媒体格式到常用的几种格式的转换;并可以设置文件输出配置,也可以实现转换 DVD 到视频文件,转换 CD 到音频文件等;还支持转换文件的缩放、旋转等;具有 DVD 抓取功能,轻松备份 DVD 到本地硬盘;还可以方便地截取音乐片断或视频片段。

5.5.1 格式工厂工作界面

格式工厂的工作界面简单,且容易上手,主要由标题栏、菜单栏、工具栏、功能区、任务区、状态栏等组成,如图 5-27 所示。主要功能如下。

标题栏:包括控制菜单、"最大化""最小化"和"关闭"按钮。

菜单栏:主要实现修改软件界面颜色、软件语言等功能,包括"任务""皮肤""语言"和

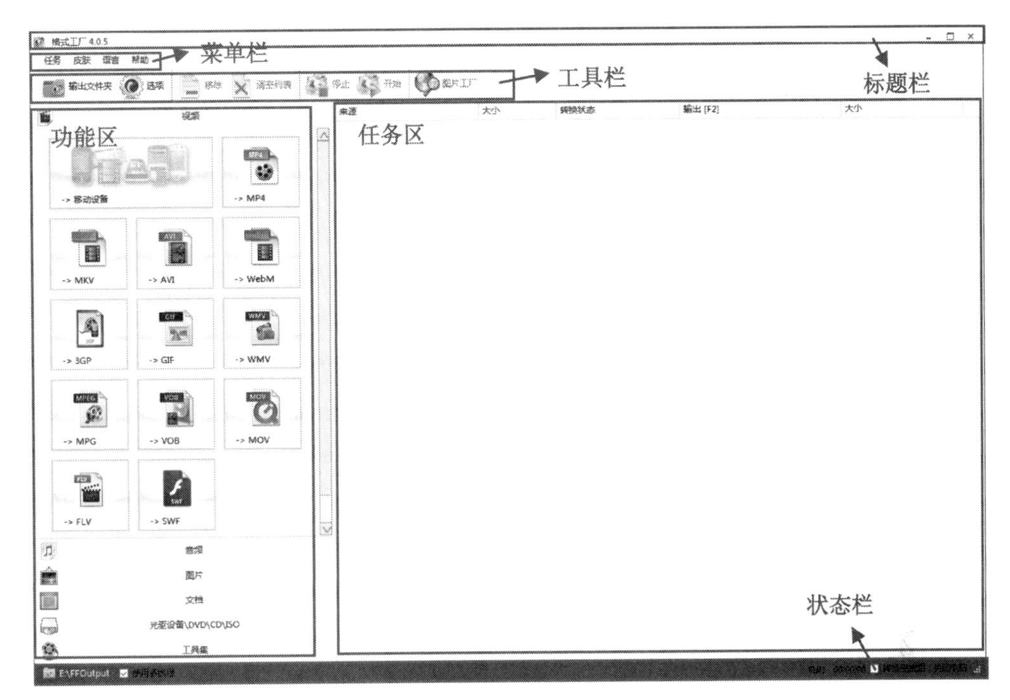

图 5-27　格式工厂工作界面

“帮助”四个菜单。

工具栏：主要实现格式转换基本设置和简单控制的功能，包括输出文件夹、选项、移除、停止和开始等工具按钮。

功能区：主要实现软件的主要格式转换功能，包括视频、音频、图片、文档、光驱设备和工具集等选项卡。

任务区：主要显示格式转换的基本状态信息，包括来源、大小、转换状态和输出等信息。

状态栏：包括输出路径、耗时等信息。

5.5.2　转换视频格式

格式工厂可以在不同的视频文件格式之间进行转换，也可以根据不同类型的手机对视频的分辨率、大小等不同要求，自定义视频文件。

【案例 5-11】 使用格式工厂将视频文件转换为流媒体 FLV 格式，达到减少容量的目的。

案例实现：

(1) 启动格式工厂，在左边“功能区”中，单击“视频”选项卡中的 FLV 按钮，打开如图 5-28 所示对话框。

(2) 单击“添加文件”按钮，选择需要转换格式的视频文件。设置“输出配置”以及“输出文件夹”，单击“确定”按钮。

(3) 单击主工作界面工具栏中的“开始”按钮，开始格式转换，任务区会显示转换进度，如图 5-29 所示。

图 5-28　视频转 FLV

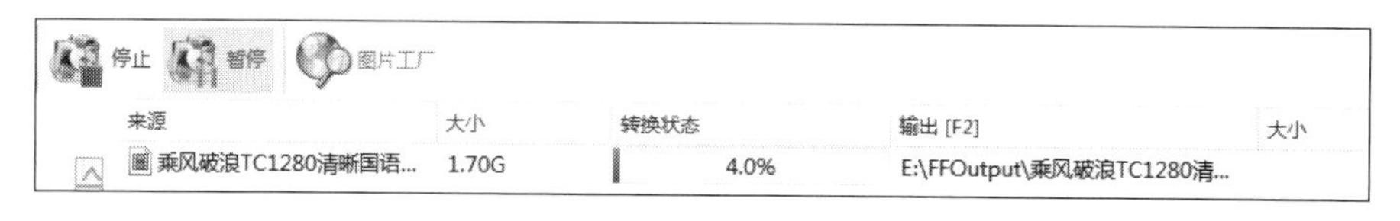

图 5-29　格式转换进度

5.5.3　分割视频文件

对于专业人员，可以采用专业的视频、音频处理软件来对视频、音频进行分割。但对于大多数人来说，如何能够方便快捷地分割视频、音频软件？格式工厂可以轻松解决这一问题。

【案例 5-12】 使用格式工厂对视频文件分别进行分割，并截取需要的片段。

案例实现：

（1）启动格式工厂，在左边“功能区”中，单击“视频”选项卡中要转换的格式，打开转换格式对话框。

（2）单击“添加文件”按钮，选择要分割的视频文件。单击“选项”按钮，打开如图 5-30 所示对话框。

（3）单击“播放”按钮，或拖曳播放头到分割的开始位置，单击“开始时间”按钮。拖曳播放头到分割的结束位置，单击“结束时间”按钮，如图 5-31 所示。

（4）单击“确定”按钮，返回格式工厂的主界面，单击“开始”生成分割文件。

图 5-30　选项对话框

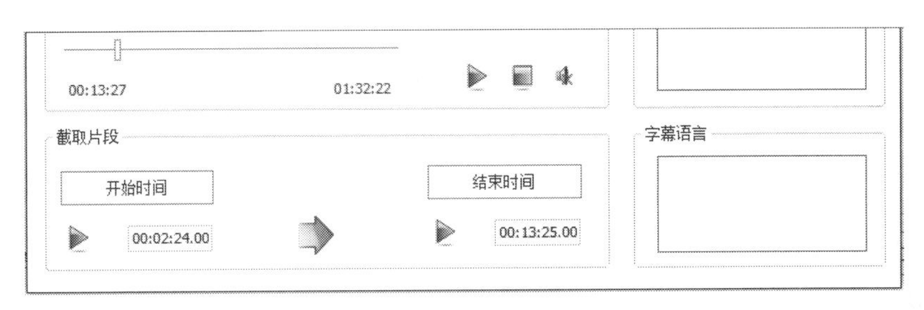

图 5-31　设置分割时间

5.5.4　视频文件添加水印

如果想给自己创作的视频加上水印，防止别人盗用视频，那么利用格式工厂软件可轻松解决这一问题。

【案例 5-13】 使用格式工厂为视频文件添加水印效果。

案例实现：

(1) 启动格式工厂，在左边“功能区”中单击“视频”选项卡中要转换的格式，打开转换格式对话框。

(2) 单击“添加文件”按钮，选择要添加水印的视频文件。单击“输出设置”按钮，打开“视频设置”对话框，如图 5-32 所示。

(3) 单击“水印”右侧的“浏览”按钮，导入提前制作好的水印图像，设置好位置和边距，单击“确定”按钮，返回格式工厂的主界面，单击“开始”按钮生成添加水印的视频文件。

注意： 水印文件只有保存成 PNG 格式，才能实现背景透明的效果。

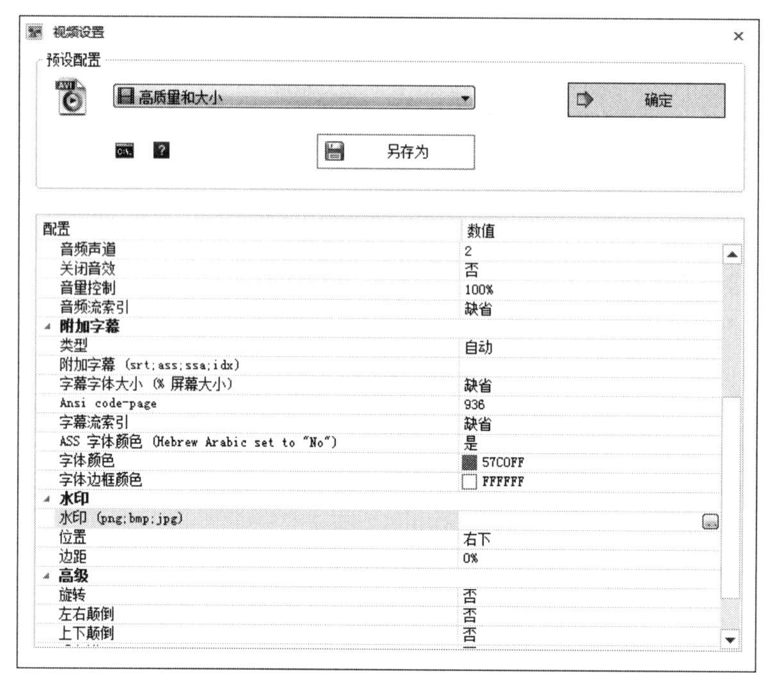

图 5-32 “视频设置”对话框

5.5.5 视频文件去除水印

学会如何在视频上加上水印，但如何去掉视频上的水印也是我们在日常生活中经常遇到的一个问题，在这里，同样使用格式工厂软件就可以轻松解决这一难题。

【案例 5-14】 使用格式工厂为视频文件去除水印效果。

案例实现：

(1) 启动格式工厂，在左边“功能区”中单击“视频”选项卡中要转换的格式，打开转换格式对话框。

(2) 单击“添加文件”按钮，选择要去除水印的视频文件。单击“选项”按钮，打开“选项”对话框，勾选“画面裁剪”复选框，并设置后面的宽、高、坐标等参数，如图 5-33 所示。

(3) 单击“确定”按钮，返回格式工厂的主界面，单击“开始”按钮生成去除水印的视频文件。

注意： 使用该方法去除水印，会对画面进行裁剪从而损失画面的质量，如果对画面质量要求不是很高的视频，是一种很好的方法。

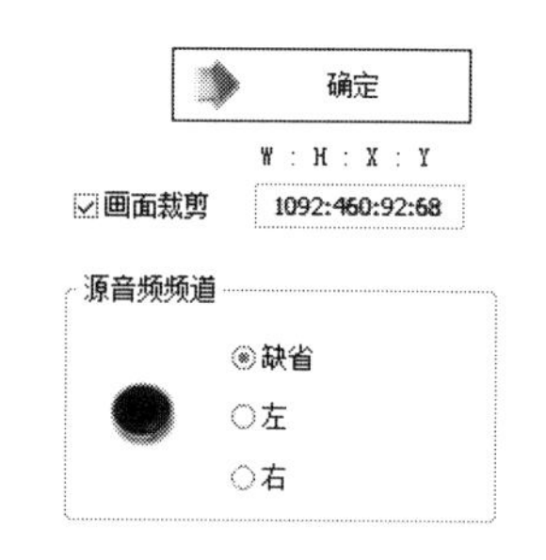

图 5-33 设置“画面裁剪”参数

5.5.6 合并音频文件

随着快节奏的生活方式和智能手机的不断飞速发展，越来越多的人喜欢使用手机观看视频。暴风影音提供了一项视频转码功能，即通过该功能对视频编码、音频编码、分辨率、帧数率等参数进行调整，将视频输出为可以放到手机、平板电脑、PSP、MP4 播放器等移动设备上的文件格式，这样就实现了随时随地用手机观看视频的功能。

【案例 5-15】 配乐诗朗诵，使用格式工厂为诗朗诵加上背景音乐，将两个音频文件合并为一个文件。

案例实现：

(1) 启动格式工厂，在左边“功能区”中，单击“工具集”选项卡中“音频合并”按钮，打开“音频合并”对话框，如图 5-34 所示。

图 5-34 “音频合并”对话框

(2) 单击“添加文件”按钮，选择要添加要合并的音频文件。单击“确定”按钮，返回格式工厂的主界面，单击“开始”按钮生成合并的音频文件。

5.5.7 文件批量重命名

给多个文件重命名是一项非常烦琐且枯燥的重复工作，而通过格式工厂提供的文件重命名功能，可以起到事半功倍的效果，大大提高工作效率。

【案例 5-16】 使用格式工厂将图片文件夹中的所有文件名更名为文件夹日期加数字的形式。

案例实现：

(1) 启动格式工厂，在左边“功能区”中，单击“工具集”选项卡中“重命名”按钮，打开“重命名”对话框，如图 5-35 所示。

(2) 单击“浏览”按钮，选择重命名的文件夹。设置文件类型为“图片”，日期为“当前日期”，间隔符为“—”，单击“重命名”按钮，显示如图 5-36 所示对话框，重命名完成。

(3) 重命名后文件名如图 5-37 所示。

注意： 格式工厂的重命名功能可以在不改名的前提下删除某些字符，只要在格式中选择“文件名”，在删除字符串中输入要删除的字符即可。

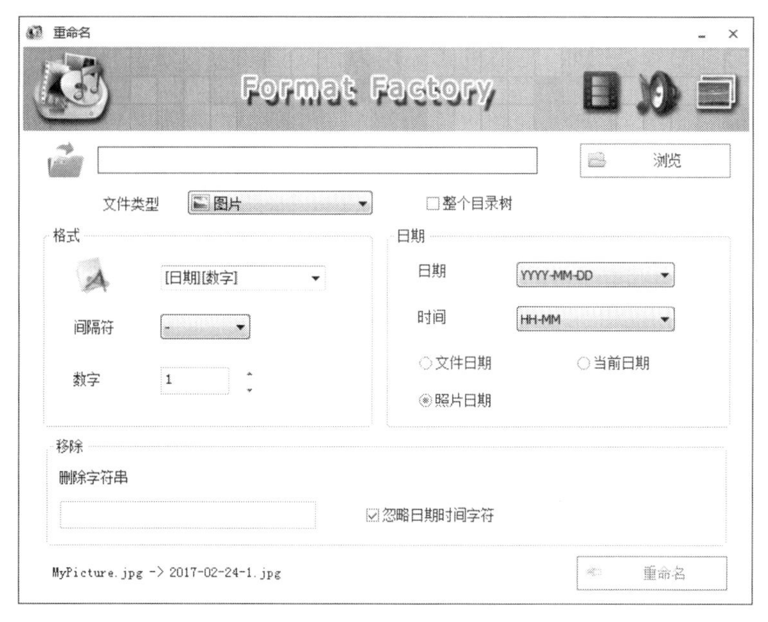

图 5-35 “重命名”对话框

图 5-36 重命名完成

图 5-37 重命名后的效果

5.6　视频剪辑处理软件 Camtasia

Camtasia 是 TechSmith 旗下的一套专业屏幕录像软件，包含录制器和编辑器。它能在任何颜色模式下轻松地记录屏幕动作，包括影像、音效、鼠标移动轨迹、解说声音等，它还具有即时播放和编辑压缩的功能，可对视频片段进行剪接、添加转场效果。输出的文件格式包括 MP4、AVI、WMV、M4V、CAMV、MOV、RM 和 GIF 动画等多种常见格式。

5.6.1　Camtasia 界面

Camtasia 的工作界面较简单，主要由菜单功能区、素材区、预览区、编辑功能区等组成，如图 5-38 所示。主要功能如下。

图 5-38　Camtasia 工作界面

菜单功能区：包括菜单栏和功能区两部分，涵盖了软件的所有功能和常用操作。

素材区：用来显示导入的多媒体素材、编辑声音、添加字幕和功能区按钮对应的参数设置。

预览区：显示视频录制和视频编辑后的效果，起到监控器的作用。

编辑功能区：包括时间轴和视频编辑的功能按钮。

5.6.2　Camtasia 视频录制

视频录制是视频处理的第一步，录制前要先设置好各项参数，做好准备工作，同时对录制环境要求较高。

【案例 5-17】 使用 Camtasia 录制一段视频，保存为“我的视频. trec”文件。

案例实现：

(1) 启动 Camtasia，在左上角“菜单功能区”中，单击“录制视频”按钮，打开“录制视频”工具栏，如图 5-39 所示。

图 5-39 “录制视频”工具栏

(2) 选择录制区域为“全屏幕”，录制输入为“摄像头关”“音频开”，调整音量大小，单击“工具”菜单中的“选项”命令可以设置录制文件类型、位置和录制源等参数。

(3) 录制完成后会弹出预览窗口，回放录制视频，单击“保存并编辑”按钮，保存为扩展名为. trec 的项目文件。

5.6.3 Camtasia 视频剪辑

视频剪辑是 Camtasia 的一个重要功能，可以对外部导入的视频或通过 Camtasia 录制的视频进行剪辑，包括对视频片段进行剪接，添加转场特效、添加字幕等操作。

【案例 5-18】 打开案例 5-17 中录制的视频，对其进行视频剪辑操作。

案例实现：

(1) 启动 Camtasia，在左上角“菜单功能区”中单击“导入媒体”按钮，导入“我的视频. trec”文件。

(2) 拖曳“素材区”中的“我的视频. trec”文件到“编辑功能区”的“轨道 1”中。效果如图 5-40 所示。

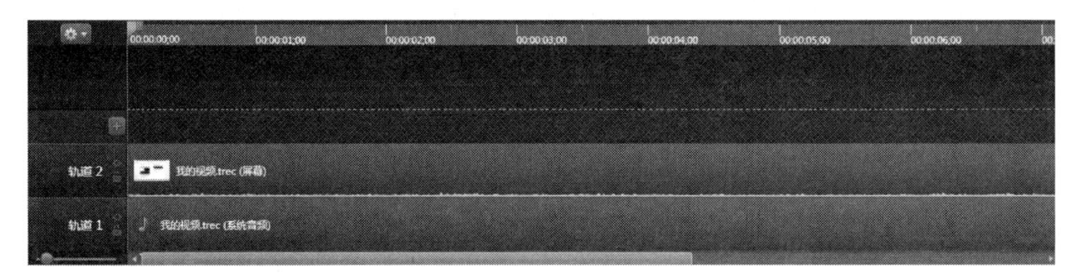

图 5-40 导入素材效果

(3) 拖动时间标记到需要分割的位置，单击“编辑功能区”中的“分割”按钮，切割轨道上的视频及音频素材。

(4) 单击“编辑功能区”中的“库”按钮，从打开的特效中选择一个拖曳到轨道中，为视频添加片头。

(5) 单击“编辑功能区”中的“转场”按钮，从打开的转场特效中选择一个拖曳到轨道中的片头素材中，为视频添加转场效果。

5.6.4 Camtasia Studio 视频输出

将剪辑后的视频输出为最终的视频文件，Camtasia 支持的输出格式很全面，包括 MP4、WMV、MOV、AVI、GIF、MP3 等格式，并能灵活自定义输出配置。

【案例 5-19】 打开案例 5-18 中剪辑的视频，对其进行视频输出。

案例实现：

（1）启动 Camtasia，在左上角“菜单功能区”中单击“生成和分享”按钮，打开“生成向导”对话框，如图 5-41 所示。

图 5-41 “生成向导”对话框

（2）选择生成的视频格式及分辨率尺寸，设置项目名称以及保存位置。

习 题

一、单选题

1. 以下关于暴风影音的说法不正确的是（　　）。

   A. 支持几乎所有的音/视频格式　　B. 可以播放在线影视

   C. 可以截取视频片段　　D. 可以逐帧播放 Flash 动画

2. 以下关于格式工厂的说法不正确的是（　　）。

   A. 支持 DVD 转换到视频文件　　B. 支持 DVD/CD 转换到 ISO/CSO

   C. 刻录 ISO 镜像光盘　　D. 支持 ISO 与 CSO 互换

3. 使用格式工厂进行视频格式转换,不能进行的设置是(　　)。

A. 截取视频片段　　B. 进行画面裁剪

C. 设置输出画面的大小　　D. 调整多个文件的上下次序

4. 以下关于格式工厂,说法不正确的是(　　)。

A. 可以进行音频合并　　B. 可以进行视频合并

C. 可以进行图片合并　　D. 可以进行音视频合并

5. 在格式工厂的主界面功能列表中没有的功能项是(　　)。

A. 音频　　B. 视频　　C. 图片　　D. 选项

6. 要进行影音合成,需在格式工厂主界面的左侧列表中选择(　　)。

A. 音频　　B. 视频　　C. 图片　　D. 工具集

二、判断题

1. 酷狗音乐能够实现"听歌识曲"语音搜索。(　　)

2. WAV 格式的声音,音质非常优秀,占用磁盘空间少,适用于网络传播和各种光盘介质存储。(　　)

3. 使用暴风影音欣赏影片时,想截取精彩画面,可以在画面播放处按下 F5 键。(　　)

4. 在暴风影音中,单击播放窗口可以进入全屏播放。(　　)

5. MOV 是 Microsoft 公司开发的一种音频、视频文件格式。(　　)

第6章 文件工具软件

相关知识背景

在使用计算机的过程中，无论是从互联网下载文档，还是将编辑好的文档输出，都离不开文件压缩，这其中的原因是一些软件平台不允许传输可执行文件(即文件类型为.exe)。另外，通过文件压缩可以减少占用的磁盘空间，再者，也可以在压缩设置过程中加入密码以降低文件泄露的可能性，与此同时还可以进行反密码压缩。

计算机在经过长期使用后，会存留一些非常重要的数据，或是某些数据通过介质传递或者长期保留，其中，数据的光盘刻录就显得尤为重要。

主要内容：

☞ 文件压缩与解压缩软件的工作原理和使用

☞ 文件加密与解密的工作原理和使用

☞ 文件恢复的工作原理和使用

☞ 光盘文件刻录的使用

6.1 文件压缩与解压缩工作原理

压缩文件的基本原理是查找文件内的重复字节，并建立一个相同字节的“词典”文件，并用一个代码表示。例如，文件里有几处相同的词“中华人民共和国”用一个代码表示这个词并写入“词典”文件，这样就可以达到压缩文件的目的。

由于计算机处理的信息是以二进制数的形式表示的，因此压缩软件就是把二进制信息中相同的字符串以特殊字符标记来达到压缩的目的。为了有助于理解文件压缩，读者可以在脑海里想象一幅蓝天白云的图片，对于成千上万单调重复的蓝色像点而言，与其一个一个定义“蓝、蓝、蓝……”长长的一串颜色，还不如告诉计算机：“从这个位置开始存储1117个蓝色像点”来得简洁，而且还能大大节约存储空间。这是一个非常简单的图像压缩的例子。其实，所有的计算机文件归根结底都是以“1”和“0”的形式存储的，和蓝色像点一样，只要通过合理的数学计算公式，文件的体积都能够被大大压缩以达到“数据无损压缩”的效果。总的来说，压缩可以分为有损压缩和无损压缩两种。如果丢失个别的数据不会造成太大的影响，这时忽略它们是个好主意，这就是有损压缩。有损压缩广泛应用于动画、声音和图像文件中，典型的代表就是影碟文件格式MPEG、音乐文件格式MP3和图像文件格式JPG。但是更多情况下压缩数据必须准确无误，人们便设计出了无损压缩格式，比如常见的ZIP、RAR等。压缩软件自然就是利用压缩原理压缩数据的工具，压缩后所生成的文件称为压缩包，体积只有原来的几分之一甚至更小。当然，压缩包已经是另一种文件格式了，如果想使用其中的数据，首先得用压缩软件把数据还原，这个过程称作解压缩。常见的压缩软件有WinZip、WinRAR等。有两种形式的重复存在于计算机数据中，ZIP就是对这两种重复进行了压缩。

第一种是短语形式的重复，即三个字节以上的重复，对于这种重复，ZIP用两个数字进行压缩，它们是：

(1) 重复位置距当前压缩位置的距离。

(2) 重复的长度，用来表示这个重复。

假设这两个数字各占一个字节，于是数据便得到了压缩，这很容易理解。

一个字节有0～255共256种可能的取值，三个字节有256×256×256共一千六百多万种可能的情况。更长的短语取值的可能情况以指数方式增长，出现重复的概率似乎极低，实则不然，各种类型的数据都有出现重复的倾向，一篇论文中，为数不多的术语倾向于重复出现；一篇小说中，人名和地名会重复出现；一张上下渐变的背景图片中，水平方向上的像素会重复出现；程序的源文件中，语法关键字会重复出现，在以KB为单位的非压缩格式的数据中，倾向于大量出现的短语式会重复出现。经过上面提到的方式进行压缩后，短语式重复的倾向被完全破坏，所以在压缩的结果上进行第二次短语式压缩一般是没有效果的。

第二种重复为单字节的重复，一个字节只有256种可能的取值，所以这种重复是必然的。其中，某些字节出现次数可能较多，另一些则较少，在统计上有分布不均匀的倾向，这是容易理解的。例如一个ASCII文本文件中，某些符号可能很少用到，而字母和数字则使用较多，各字母的使用频率也是不一样的，据说字母e的使用频率最高。许多图片呈现深色调或浅色调，深色(或浅色)的像素使用较多(这里顺便提一下，PNG图片格式是一种无损压缩，其核心算法就是ZIP算法，它和ZIP格式的文件的主要区别在于：作为一种图片格式，它在文件头处存放了图片的大小、使用的颜色数等信息)。上面提到的短语式压缩的结果也有这种倾向：重复倾向于出现在距离当前压缩位置较近的地方，重复长度倾向于比较短(20B以内)。这样就有了压缩的可能：给256种字节取值重新编码，使出现较多的字节使用较短的编码，出现较少的字节使用较长的编码，这样一来，变短的字节相对于变长的字节更多，文件的总长度就会减少，并且，字节使用比例越不均匀，压缩比例就越大。

6.2 文件压缩与解压缩软件WinRAR

6.2.1 文件的管理

文件管理是操作系统的五大职能之一，主要涉及文件的逻辑组织和物理组织、目录的结构和管理。所谓文件管理，就是操作系统中实现文件统一管理的一组软件、被管理的文件以及为实施文件管理所需要的一些数据结构的总称(是操作系统中负责存取和管理文件信息的机构)。从系统角度来看，文件系统是对文件存储器的存储空间进行组织、分配和回收，负责文件的存储、检索、共享和保护。在现代计算机系统中，用户的程序和数据、操作系统自身的程序和数据，甚至各种输出输入设备，都是以文件形式出现的。

1. 功能

(1) 集中存储：统一的文档共享。

(2) 权限管理：可针对用户、部门及岗位进行细粒度的权限控制，控制用户的管理、浏览、阅读、编辑、下载、删除、打印、订阅等操作。

(3) 全文索引：可以索引 Office、PDF 等文件内容，快速从海量资料中精准查找所需文件。

(4) 文档审计：描述了文档生命周期全过程中的每一个动作，包括操作人、动作、日期时间等信息，通过审计跟踪可以全局掌握系统内部所有文件的操作情况。

(5) 版本管理：文档关联多版本，避免错误版本的使用，同时支持历史版本的查看、回退与下载。

(6) 自动编号：可自由组合设计编号规则。

(7) 锁定保护：文档作者和管理权用户可将文档锁定，确保文档不被随意修改。当文档需要修改或删除时，可以解锁，保证文档的正常操作。

(8) 规则应用：系统支持为目录设定规则，指定动作、条件和操作，当动作触发符合设定的条件时，系统则自动执行规则的操作。

(9) 存储加密：文件采用加密存储，防止文件扩散，全面保证企业级数据的安全性和可靠性。

(10) 数据备份：支持数据库备份和完整数据备份双重保护，全面保障系统内部数据安全性。用户可自行设定备份时间及位置，到达指定时刻，系统自动执行备份操作。

(11) 文档借阅：借出过程中可控制用户访问权限。被借阅用户会收到系统发送的即时消息通知。系统支持根据时间对借出的文档自动进行收回处理。

(12) 审批流程：可自定义审批流程，实现流程固化，解决企业内部流程审批混乱的问题。

(13) 统计报表：自动统计人员、部门文档使用情况和文档的存储。

2. 方式

一般企业对文档安全的管理方式大致分为以下四个阶段。

(1) 制定企业内部保密制度，严格限定机密文档接触人群范围，设立保密管理机构，指派专人保管机密文件，通过制度和纪律约束来保证文档的安全。

(2) 随着计算机应用的普及，单纯通过制度进行文档安全管理越来越力不从心，企业开始采用专门的保密设备来管理机密文档，如安装专门的涉密计算机、使用认证存储设备等。

(3) 为适应信息化工作及无纸化办公的要求，同时随着互联网络技术的发展，为了应对来自互联网络的威胁，很多企业采用堵塞的方式，如内网隔离、封 USB 口、禁止打印等方式管理内部机密文档。

(4) 随着应用的深入，人们逐渐认识到通过上述制度约束和封堵的方式，并不能从根本上解决泄密的问题，给员工的日常工作也带来了极大的不便，严重降低了工作的积极性与工作效率，越来越不能适应管理的需求。企业迫切需要通过一种更人性化的方式来进行文档安全管理，这样的文档加密软件在文档安全管理应用方面成为当前的主流方式。

6.2.2 压缩文件

WinRAR 软件可以将程序压缩成 RAR 和 ZIP 格式，其中，RAR 是其默认的压缩格式。本书讲述了使用 WinRAR 软件将一个文件压缩为 ZIP 格式的过程。

(1) 以桌面新建记事本文件“等待压缩文件举例.txt”为例，选择该文件，右击后弹出快捷菜单，选择“添加到压缩文件”命令，弹出“压缩文件名和参数”对话框，如图 6-1 和图 6-2 所示。

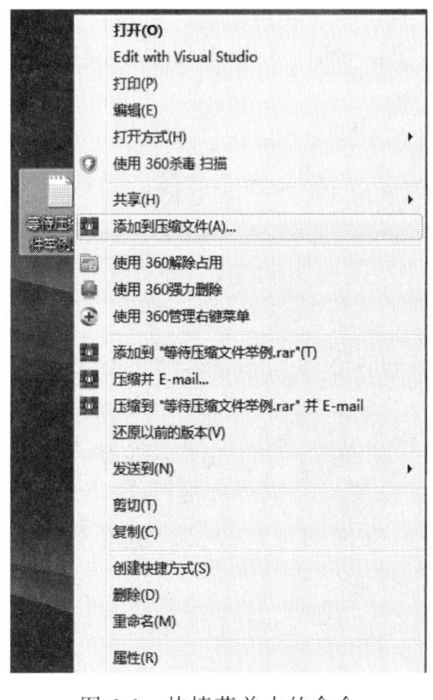

图 6-1　快捷菜单中的命令

图 6-2　压缩文件名和参数

注意：*对话框中的“压缩文件名”应该就是刚才选择要进行压缩的文件名。*

(2) 在“常规”选项卡中将“压缩文件格式”选项中默认的 RAR 改为 ZIP，就可以将文件压缩成 ZIP 格式，如图 6-3 所示。

图 6-3　更改压缩文件格式为 ZIP

(3) 在“常规”选项卡中，单击“设置密码”按钮为被压缩文件同时设置密码，弹出“输入密码”对话框，如图 6-4 所示。

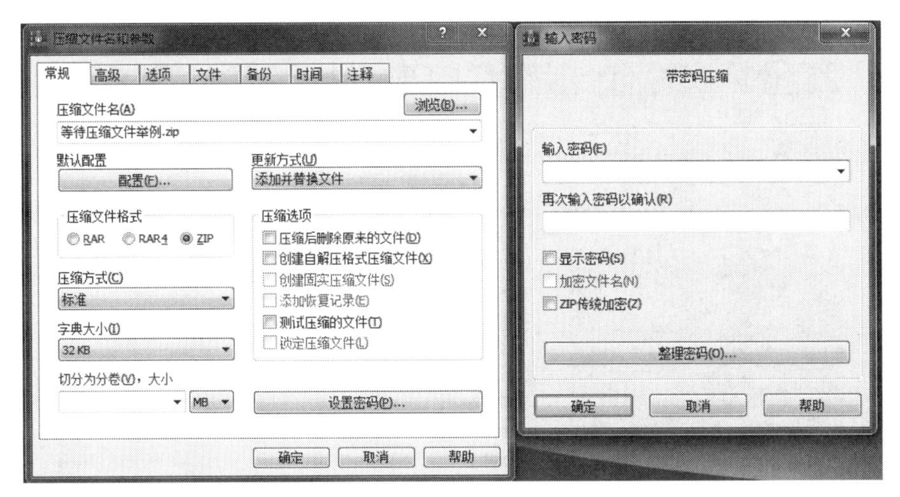

图 6-4　为被压缩文件设置密码

(4) 设置完成后，在每一步单击“确定”按钮，此时会在界面里生成“等待压缩文件举例.zip”文件，如图 6-5 所示。

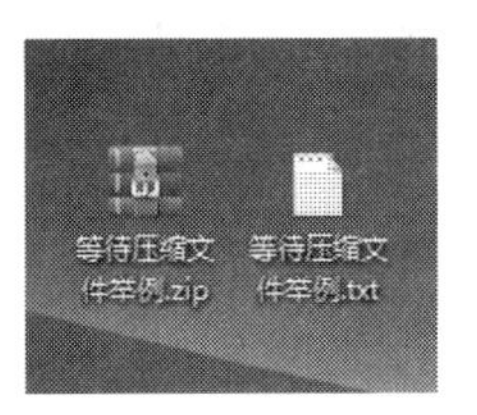

图 6-5　压缩后的文件与原文件

6.2.3　解压缩文件

WinRAR 解压文件是压缩文件的逆向过程，其方法有多种，下面主要介绍利用对话框设置解压缩的方法。

1. 操作方法

(1) 以桌面压缩文件“等待压缩文件举例.zip”为例，选择该文件，右击后弹出快捷菜单，选择“解压文件”命令，弹出“解压路径和选项”对话框，如图 6-6 和图 6-7 所示。

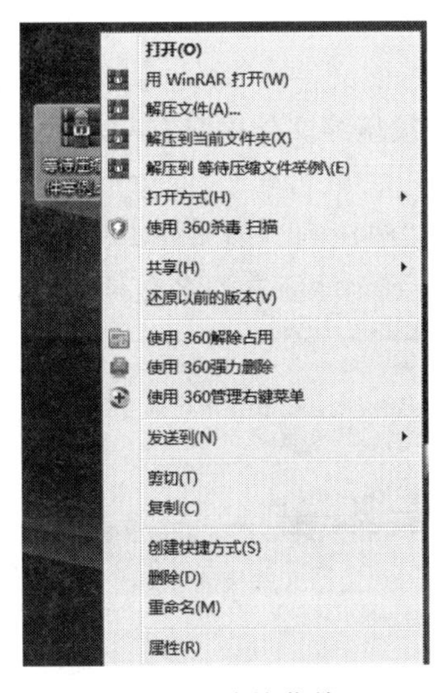

图 6-6　快捷菜单

图 6-7　“解压路径和选项”对话框

（2）在图 6-7 的基础上单击“确定”按钮，此时出现“输入密码”对话框，输入此前的密码，单击“确定”按钮，完成解压缩。在桌面上生成“等待压缩文件举例”文件夹，文件夹里是“等待压缩文件举例. txt”文件，如图 6-8 所示。

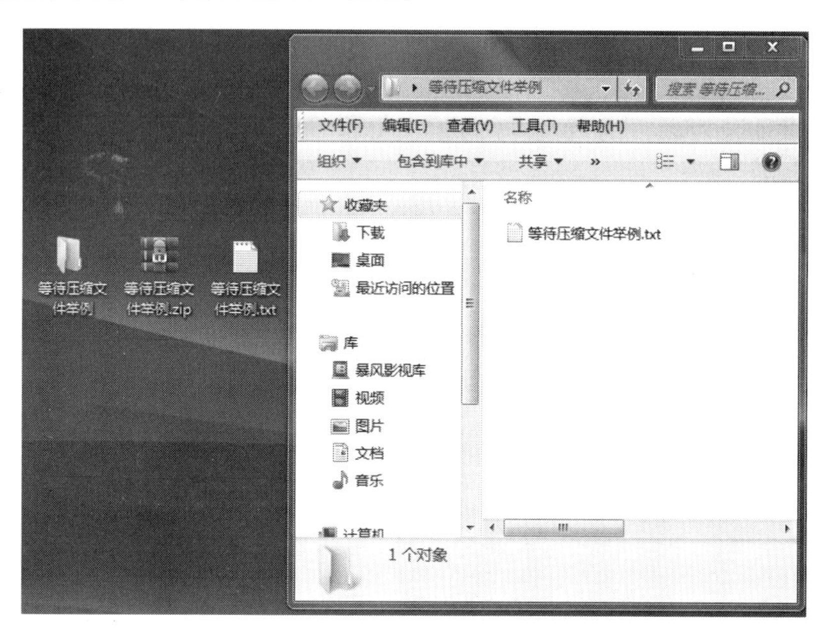

图 6-8　完成解压缩

注意：*以上是获得自创压缩文件和解压缩文件的常规方法，获得压缩文件和解压缩文件的主要方法还有以下几种。*

2. 获得压缩文件

（1）通过互联网下载，常见的格式有 RAR、ZIP、7z 等。

（2）通过光盘、U 盘获得，把文件复制到自己的文件夹中。

3. 解压缩文件

（1）选择压缩文件，右击，在弹出的菜单中选择“解压到当前文件夹”命令，此时把文件解压到了当前的位置，压缩文件中只有一个文件，此方法适合被压缩文件中只有一个文件的情况，如图 6-9 所示。

（2）选择压缩文件，单击鼠标右键，在弹出的菜单中选择“解压到当前文件夹”，把文件解压到一个新的文件夹中，文件夹的名称就是压缩文件名，压缩文件中有许多文件时，可以用这个命令，如图 6-10 所示。

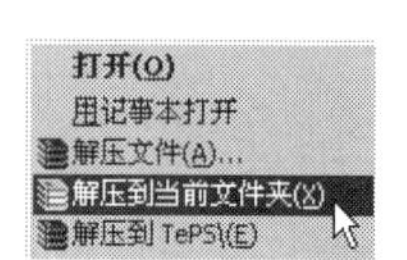

图 6-9　解压到当前文件夹

图 6-10　解压到当前文件夹

6.2.4 管理压缩文件

WinRAR 是一个强大的压缩文件管理工具。它能备份数据，减少 E-mail 附件的大小，解压缩从 Internet 上下载的 RAR、ZIP 和其他格式的压缩文件，并能创建 RAR 和 ZIP 格式的压缩文件，工具窗口界面如图 6-11 所示。

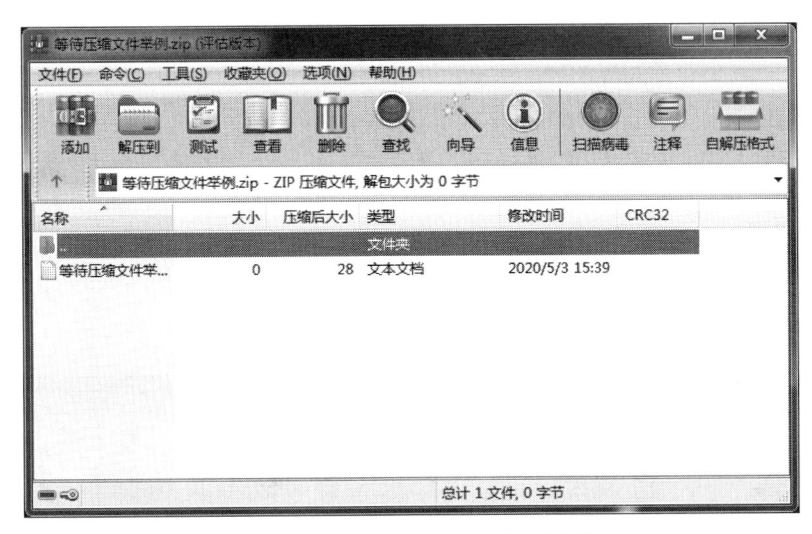

图 6-11　WinRAR 工具窗口界面

WinRAR 主要功能如下。

(1) WinRAR 压缩率更高。

WinRAR 在 DOS 时代就一直具备这种优势，经过多次实验证明，WinRAR 的 RAR 格式一般要比其他的 ZIP 格式高出 10%～30% 的压缩率，尤其是它还提供了可选择的、针对多媒体数据的压缩算法。

(2) 对多媒体文件有独特的高压缩率算法。

WinRAR 对 WAV、BMP 声音及图像文件可以用独特的多媒体压缩算法大大提高压缩率，虽然可以将 WAV、BMP 文件转换为 MP3、JPG 等格式节省存储空间，但不要忘记 WinRAR 的压缩是标准的无损压缩。

(3) 能完善地支持 ZIP 格式并且可以解压多种格式的压缩包。

虽然其他软件也能支持 ARJ、LHA 等格式，但却需要外挂对应软件的 DOS 版本，实在是功能有限。但 WinRAR 就不同了，不但能解压多数压缩格式，且无须外挂程序支持就可直接建立 ZIP 格式的压缩文件，所以不必担心离开了其他软件如何处理 ZIP 格式的问题。

(4) 对受损压缩文件的修复能力极强。

在网上下载的 ZIP、RAR 类的文件往往因头部受损的问题导致不能打开，而用 WinRAR 调入后，只须单击界面中的“修复”按钮就可轻松修复，成功率极高。

(5) 可以建立多种方式且功能齐全的中文界面。

(6) 多卷自解包。

我们知道不能建立多卷自解包是某种压缩软件的最大缺陷，而 WinRAR 处理这种工作却是游刃有余，而且对自解包文件还可加上密码加以保护。

(7) 压缩包可以锁定。

双击进入压缩包后，单击“锁定压缩包”就可防止人为的添加、删除等操作，保持压缩包的原始状态。

6.3 文件加密与解密

6.3.1 文件加密基本操作及实例

右击，选择“添加到压缩文件”命令，在里面的菜单栏里有一个“高级”选项，选择打开后，单击“设置密码”按钮，输入密码，再选中下面的“加密文件名”，然后单击“确定”按钮就可以了。

6.3.2 文件解密基本操作及实例

以 ARPR 软件为例，针对 RAR 文件进行解密，如图 6-12 所示。

图 6-12　查看带有密码的 RAR 文件

步骤一：打开所需要解压的文件。在 ARPR 界面中单击“打开”按钮，弹出“打开”对话框，选择需要解密的文件，如图 6-13 和图 6-14 所示。

步骤二：在 ARPR 界面中的“破解类型”中选择“暴力破解”功能，如图 6-15 所示。

步骤三：在 ARPR 界面中的“范围”选项卡中的“暴破范围选项”里进行相关选择，如图 6-16 所示。例如，在知道密码是大写字母的时候，就只勾选“所有大写字母(A-Z)”复选框，可以加快破解速度。

步骤四：在 ARPR 界面中的“长度”选项卡中，针对密码长度选项进行设置，如图 6-17 所示。例如，对曾经设置的加密文件以三位密码为例，将“长度”选项卡中的“最大密码长度”设置为 3 字符，进行破解。需要注意的是被破解的密码长度最大，破解时间也相对比较长。

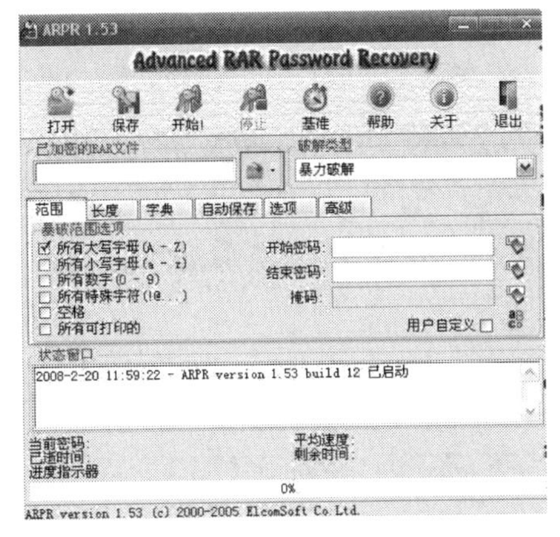

图 6-13　ARPR 界面

图 6-14　"打开"对话框

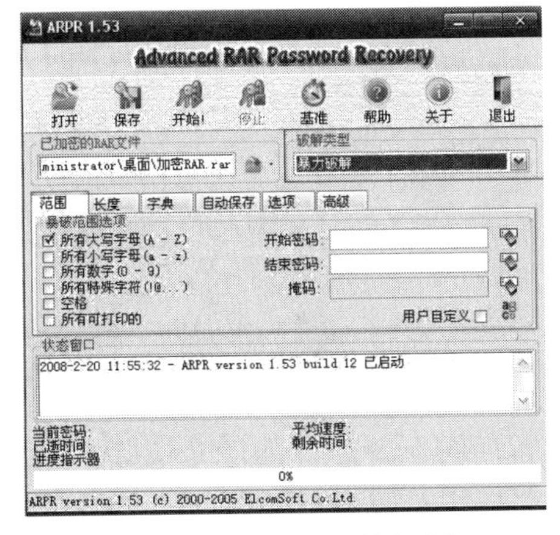

图 6-15　破解类型为暴力破解

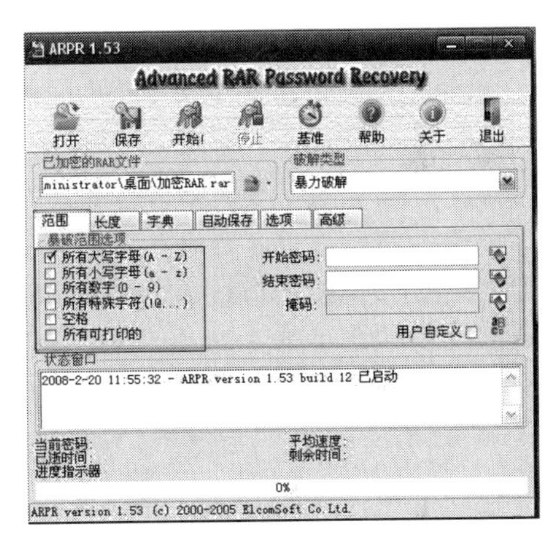

图 6-16　暴破范围选项

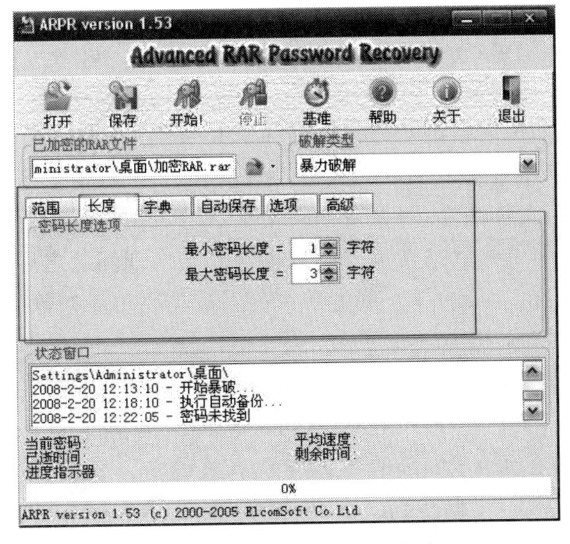

图 6-17　设置破解密码的长度

步骤五：最后在 ARPR 界面中单击“开始”按钮，进行破解，如图 6-18 所示。密码成功破解后的内容提示，如图 6-19 所示。

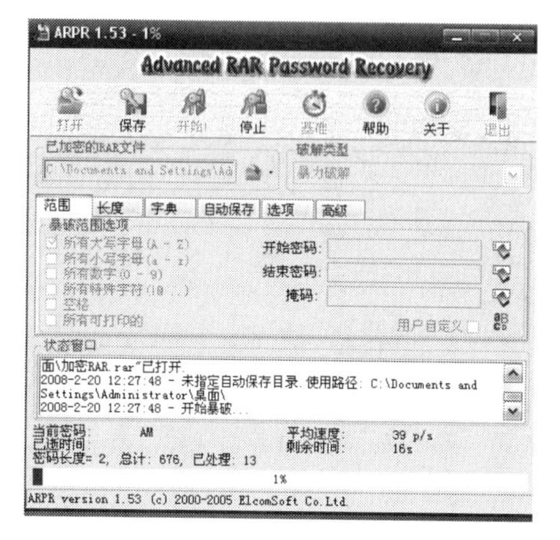

图 6-18　开始破解密码

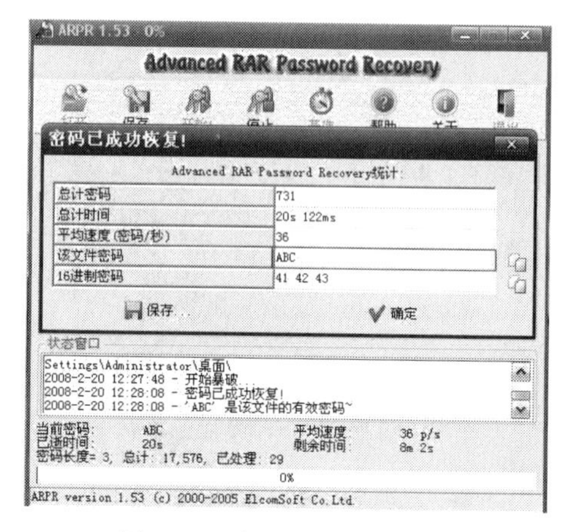

图 6-19　密码成功破解提示

说明：

(1) 以上密码破解案例是以简单密码设置进行讲解，例如，密码设置为 ABC。

(2) 如果破解比较复杂的密码，步骤与讲解案例一样，只不过“密码长度”和“暴破选项范围”要根据需求进行修改。

(3) 如果密码过于复杂，如既有大小写英文，又有数字，又不知道长度，那么破解起来就需要更长的时间。

6.4　文件恢复

6.4.1　文件恢复工作原理

数据恢复是指由于各种原因导致数据损失时，把保留在介质上的数据重新还原。即使数据被删除或硬盘出现故障，在介质没有严重受损的情况下，数据均有可能被无损恢复。

格式化或误删除引起的数据损失情况，大部分数据仍未损坏，只要用软件重新恢复连接环节，即可重读数据。如果硬盘因硬件损坏而无法访问时，只要更换发生故障的零件，即可恢复数据。但是在介质严重受损或数据被覆盖时，数据将极难恢复。

数据恢复可以是对文件恢复、对恢复物理损伤盘的数据恢复、对不同操作系统数据的恢复、对不同移动数码存储卡的数据恢复等。数据恢复是出现问题之后的一种补救措施，既不是预防措施，也不是备份。因此，在一些特殊情况下数据将很难被恢复，如数据覆盖、低级格式化清零、磁盘盘片严重损坏。

“删除文件”只是改变文件在 FAT 中的链接指向，而“格式化”也不是真正删除数据区中的数据，只是重写了 FAT 表，并没有把 DATA 区的数据清除。至于硬盘分区，是修改了 MBR 和 DIR，绝大部分的 DATA 区的数据并没有被改变。只要没有覆盖这个文件，即使 MBR、FAT、DIR 全部坏了，只要找到一个文件的起始保存位置，就可以使用磁盘编辑软件把这个文件恢复出来，这是许多硬盘数据能够得以修复的原因。

对于 Windows 文件系统来说，文件删除仅仅是把文件的首字节改为 E5H，并把文件所占区域标记为未分配，而并不破坏文件本身，因此可以恢复。在下次写入数据时该空间的数据就会被覆盖，所以文件删除后不要向需恢复盘随意安装软件或写入数据。文件既可采用手动的方式，也可利用一些软件来恢复。常用的工具有 FastFileUndelete、EasyRecovery、FinalData、FileRecovery、DiskInvestigator 和 DivFix 等。其恢复的工作原理是利用激光束对盘面上的磁信号(0、1)进行扫描，激光束根据反射的不同的数字信号发射不同的信号，通过对这些仪器的扫描，把整个硬盘的原始信号记录在仪器附带的计算机里面，然后再通过专门的软件分析来进行数据恢复。有的数据恢复设备恢复率是相当高的，即使是位于物理坏道上面的数据，由于多种信息的缺失而无法找出准确的数据值，也可以通过大量的运算，在多种可能的数据值之间进行逐一代入，结合其他相关扇区的数据信息，进行逻辑合理性校验，从而找出逻辑上最符合的真值。即使对于已经被覆盖的数据、完全低级格式化、全盘清零、强磁场破坏的硬盘，仍然可通过“深层信号还原”来恢复数据，其原理相对复杂一些。对于磁介质晶体来说，原来没有数据的新盘和进行多次删除和写入操作的磁盘是不同的，对于一个被删除后又写入数据的簇，虽然以前的数据被覆盖了，但是在介质的深层，仍然会留存着原有数据的“残影”。通过使用不同波长、不同强度的射线对这个晶体进行照射，可以产生不同的反射、折射和衍射信号。利用这些设备发出的不同射线去照射磁盘的盘面，然后通过分析各种反射、折射和衍射信号，就可以得到在不同深度下这个磁介质晶体的残影。根据目前的技术，大概可以观察到 4～5 层，也就是说，即使一个数据被不同的其他数据重复覆盖了 4 次，仍然有被“深层信号还原”设备读出来的可能性。下面以 EasyRecovery 工具进行讲解。

6.4.2 EasyRecovery 简介

EasyRecovery 是一款操作安全、价格便宜、用户自主操作的数据恢复软件，它支持从各种各样的存储介质恢复删除或者丢失的文件，其支持的媒体介质包括：硬盘驱动器、光驱、闪存、硬盘、光盘、U 盘/移动硬盘、数码相机、手机以及其他多媒体移动设备。能恢复包括文档、表格、图片、音频、视频等各种数据文件，同时发布了适用于 Windows 及 Mac OS 平台的软件版本，具有自动化的向导步骤，可快速恢复文件。

1. EasyRecovery 优势

(1) 易于使用和完全自动化的向导，引导用户使用程序。

(2) 运行在上述任何操作系统环境下，程序可以访问任何 Windows 或 Mac OS Ⅹ 文件系统。

(3) 使用系统 API 进行标准写操作，最大限度地减少磁盘损坏的机会。

(4) 不像 DOS 程序那样有文件大小和驱动器大小限制，本软件没有大小限制。

(5) 自由访问网络和其他安装的外围设备，如 USB、闪存、外部硬盘驱动器。

(6) 兼容条带集 RAID 和镜像驱动器。

2. 主要功能

(1) 硬盘数据恢复：各种硬盘数据恢复，能够扫描本地计算机中的所有卷，建立丢失和被删除文件的目录树，实现硬盘格式化，重新分区，误删数据，重建 RAID 等硬盘数据恢复。

(2) Mac 数据恢复：EasyRecovery for Mac 操作体验与 Windows 一致，可以恢复 Mac

下丢失、误删的文件。支持使用(PPC/Intel)、FAT、NTFS、HFS、EXTISO9660 分区的文件系统。

(3) U 盘数据恢复：可以恢复删除的 U 盘文件，U 盘 0 字节以及 U 盘格式化等各种主流的 U 盘数据。

(4) 移动硬盘数据恢复：在移动硬盘的使用中无法避免数据丢失，EasyRecovery 支持移动硬盘删除恢复、误删除恢复、格式化恢复，操作与硬盘数据恢复一样简单。

(5) 相机数据恢复：有限的相机存储空间，难免发生照片误删、存储卡数据意外丢失。EasyRecovery 可恢复相机存储卡中拍摄的照片、视频等。

(6) 手机数据恢复：支持恢复安卓手机内存上的所有数据，根据手机的品牌及型号不同，可恢复手机内存卡甚至是手机机身内存，包括手机照片、文档、音频及视频等恢复。

(7) MP3/MP4 数据恢复：在误删除、格式化等意外情况造成 MP3/MP4 数据丢失时，即可用 EasyRecovery 过滤文件类型，快速恢复音频或视频。

(8) 光盘数据恢复：EasyRecovery 可实现 CD、CD-R/RW、DVD、DVD-R/RW 等删除恢复，格式化的恢复，还提供磁盘诊断。

(9) 其他 SD 卡数据恢复：EasyRecovery 提供 SD、TF 等便携式装置上的数据恢复，包括图像文件、视频文件、音频文件、应用程序文件、文档等。

(10) 电子邮件恢复：电子邮件恢复功能允许用户查看选中的电子邮件数据库，可显示当前保存和已经删除的电子邮件，并可打印或保存到磁盘。

(11) RAID 数据恢复：可重新构造一个被破坏的 RAID 系统。可以选择 RAID 类型，让 RAID 重建器分析数据，并尝试进行重建 RAID，支持通用 RAID 类型匹配。

(12) 所有类型文件数据恢复：EasyRecovery 支持所有文件类型的数据恢复，包括图像、视频、音频、应用程序、办公文档、文本文档及定制。能够识别多达 259 种文件扩展名。

3. 恢复数据步骤

(1) 选择媒体类型：EasyRecovery 提供硬盘驱动器、存储设备、光学媒体、多媒体/移动设备、RAID 系统等多种媒体类型。

(2) 选择需要扫描的卷标：选择要恢复数据的卷标，特别要注意的是，数据恢复过程中要确保有磁盘连接到用户的系统并且磁盘上有足够的空间用于保存恢复的数据。

(3) 选择恢复场景：EasyRecovery 提供了浏览卷标、恢复已删除文件、恢复被格式化的媒体、磁盘诊断、磁盘工具等五种恢复场景。

(4) 检查选项：检查前三步选择的选项并开始扫描。如果想要改变选项，请返回。扫描过程有可能要几个小时，这主要取决于磁盘的大小。

(5) 扫描分区：找到丢失的数据文件并进行保存。

4. EasyRecovery 使用限制

(1) 本软件不适用于物理损坏的硬盘。

(2) 并不是每一个文件都可以被还原，比如更少的磁盘碎片操作(如果存储介质没有存满，这种情况是很正常的)将提高回收率，因为整个数据是在文件的第一个簇开始存储。相对文件大小，磁盘容量越小，则恢复的可能性越低。

(3) 被覆盖后的数据不能完全恢复。

（4）Windows FAT 驱动器上经过碎片整理后的数据，如果 FAT 簇链已被清除，则不能恢复。

（5）损害和丢失索引信息的数据不能完全恢复。

6.4.3 恢复被删除的文件

步骤一：打开 EasyRecovery 软件。双击桌面上的软件快捷图标，就会弹出该软件的启动窗口，从而来打开 EasyRecovery 数据恢复软件，如图 6-20 所示。

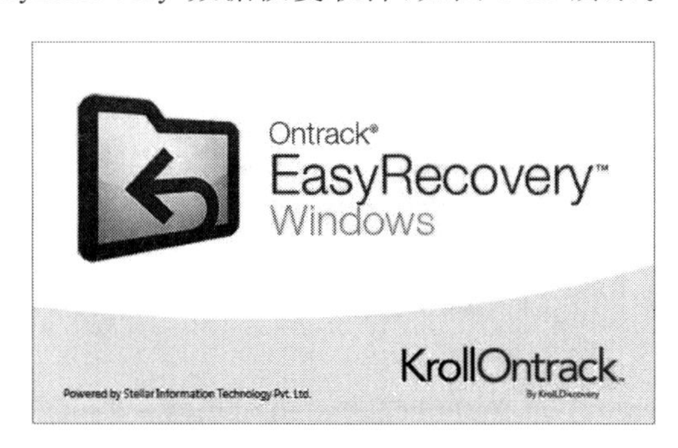

图 6-20　软件启动界面

步骤二：选择恢复内容。打开的软件主界面如图 6-21 所示，进入到选择恢复内容界面，这里可以选择恢复所有数据，也可以单独选择恢复文档、邮件、照片或音频。

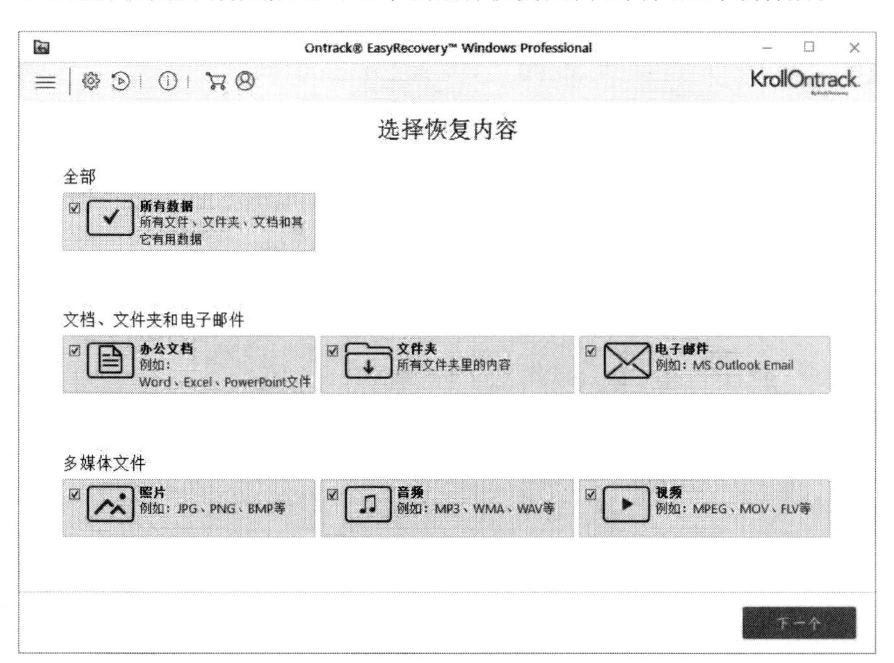

图 6-21　EasyRecovery 主界面

步骤三：选择位置。单击右下角的“下一个”按钮，就进入到了选择位置窗口，这里可以选择文件丢失的位置，包括已连接硬盘和其他位置，如图 6-22 所示。

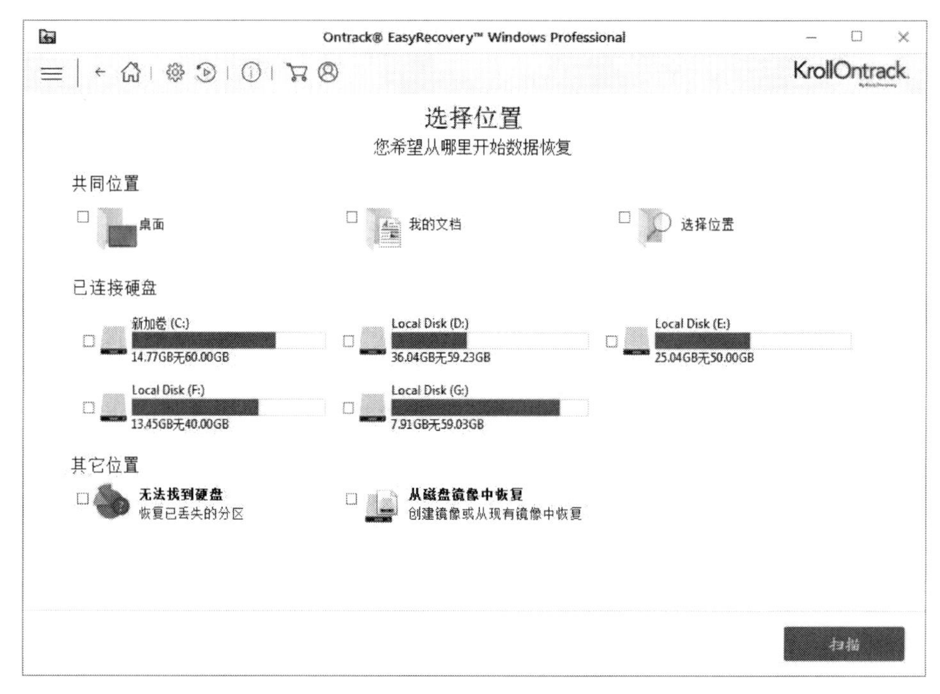

图 6-22　选择文件所在位置

步骤四：查找文件和文件夹。单击"扫描"按钮后，就可以开始扫描文件所在磁盘，这里共分为 3 个阶段，全部完成后，就可以显示丢失的文件了，如图 6-23 和图 6-24 所示。

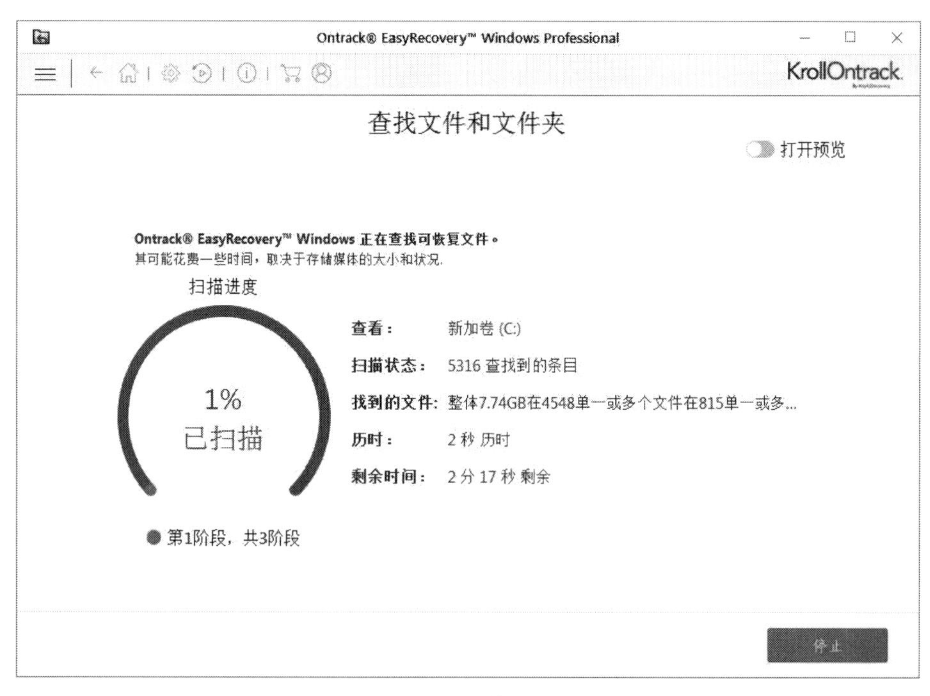

图 6-23　查找文件和文件夹

图 6-24　恢复文件

6.4.4 诊断磁盘

通过 EasyRecovery 软件检测磁盘数据，将潜在的问题形成报告，包括使用空间、未用磁盘区、文件系统区和坏区等信息。具体操作步骤如下。

(1) 打开 EasyRecovery 软件，在前两步中选择媒体类型和需要扫描的卷标，在“步骤 3”中选择恢复场景为“磁盘诊断”这一功能，然后单击“继续”按钮，如图 6-25 和图 6-26 所示。

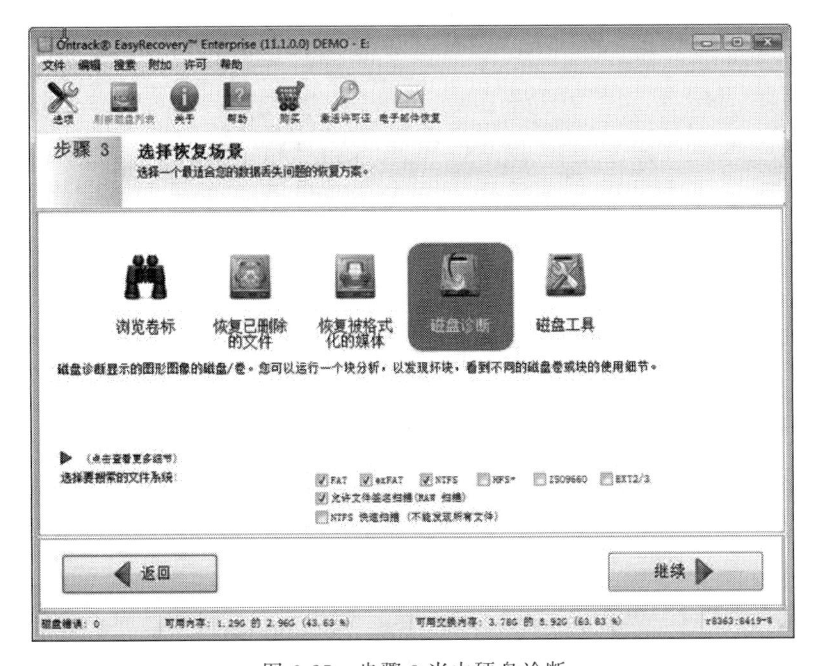

图 6-25　步骤 3 当中硬盘诊断

(2) 在“步骤 4”中系统会提示检查当前设置，无失误的话单击“继续”按钮进入下一步。在“步骤 5”里出现光盘诊断，运行一个块分析，可以在扫描结果中看到坏区，也可以看到磁盘的使用细节。磁盘的已用磁盘区、文件系统区、未用磁盘区、坏区等数据都一目了然，如图 6-26 和图 6-27 所示。

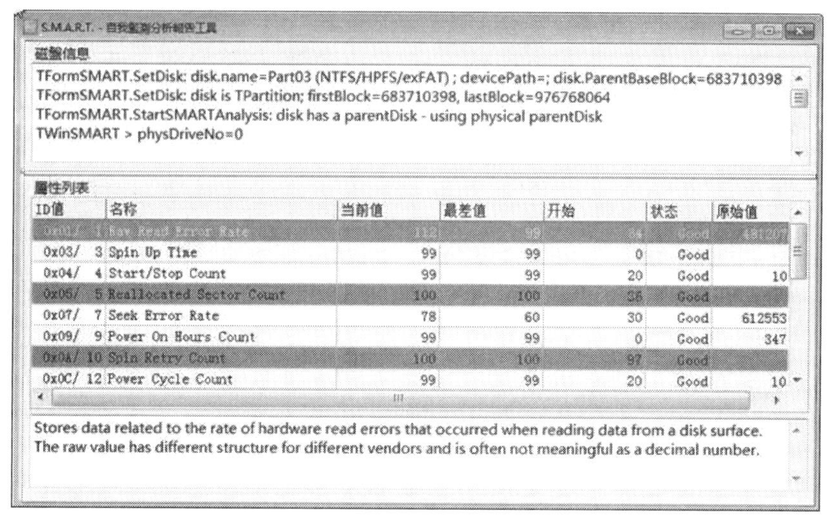

图 6-26　硬盘分析界面

图 6-27　诊断界面

(3) 单击“SMART 分析”按钮，系统就会再弹出一个窗口，磁盘自我检测的报告数据都会详细展示在这个列表中，可以知道自己的磁盘信息，以及磁盘属性的 ID 值、当前值、原始值等。

EasyRecovery 软件除了提供磁盘诊断功能，实时保障磁盘安全，还提供了磁盘文件丢失找回功能以帮助用户及时恢复删除文件。

6.4.5 恢复被格式化的文件

首先，借助计算机上的常用浏览器搜索“EasyRecovery 数据恢复软件”，将软件下载安装至计算机上。随后将恢复软件打开，可以看到界面上有六种恢复选项，这里根据实际情况选择“误格式化硬盘”选项，如图 6-28 所示。

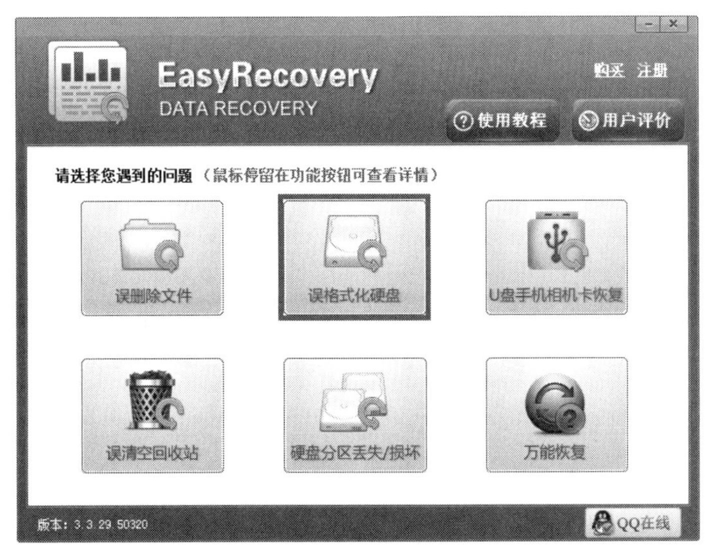

图 6-28 EasyRecovery 的界面

然后，界面上就显示有计算机的分区信息了，如图 6-29 所示，在其中找到并选择之前进行过格式化的类型文件，随后单击“下一步”按钮，软件就开始扫描选中的分区了，耐心等待扫描完成。

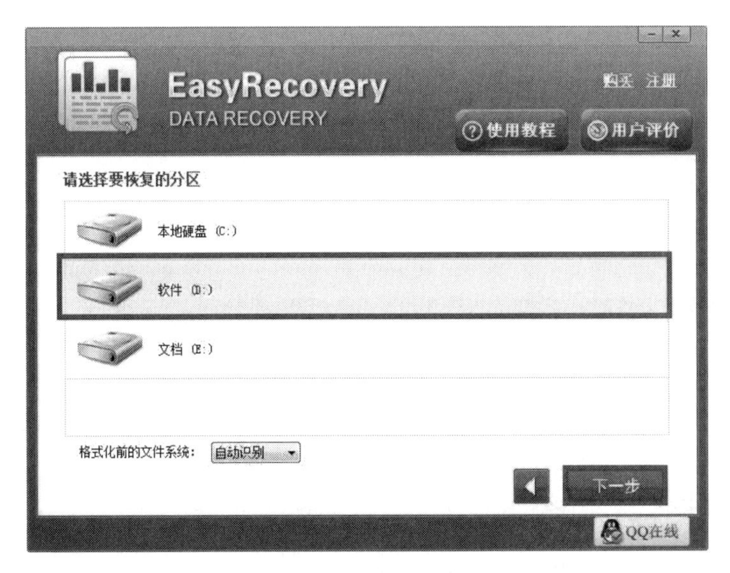

图 6-29 分区列表

扫描结束之后，在界面左侧找到误删文件对应的格式并单击，右侧就显示有具体的文件信息了，在其中找到需要的勾选上，随后单击“下一步”按钮，如图 6-30 所示。

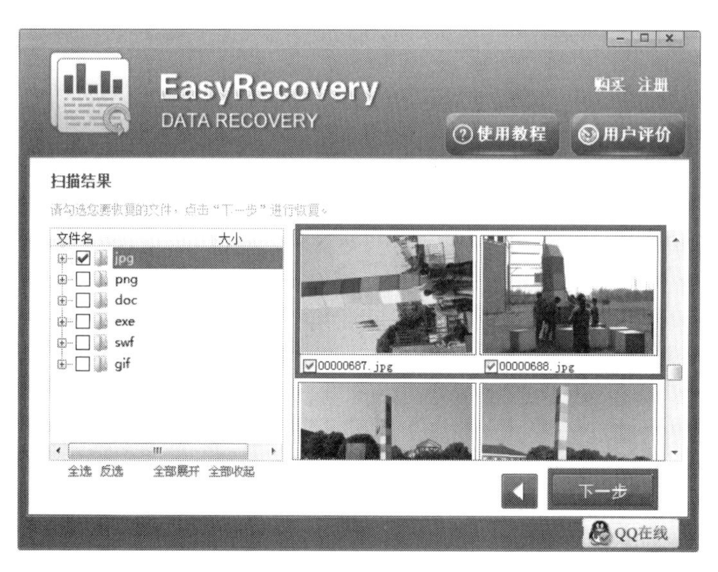

图 6-30　选择扫描结果

最后，单击“浏览”按钮自定义选择好恢复后文件的存储位置之后，单击右下角的“下一步”按钮，软件就开始对选中的文件进行恢复操作了，恢复完成之后就可以查看结果了，如图 6-31 所示。

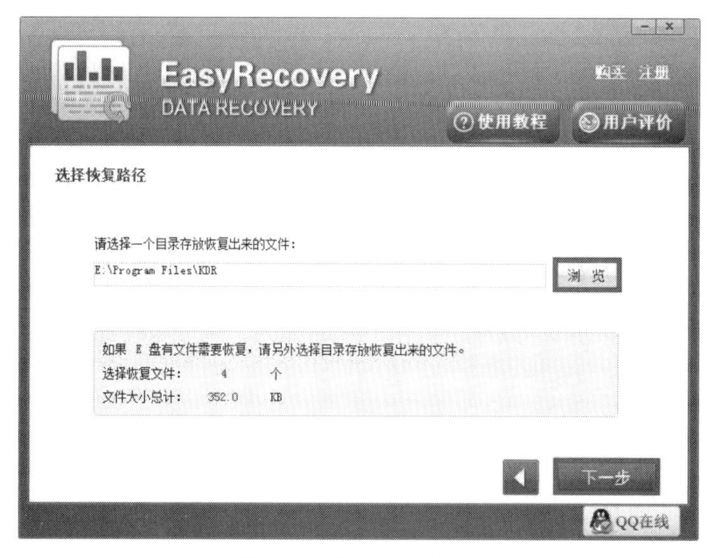

图 6-31　恢复后的结果

6.4.6　修复损坏的压缩文件

Recovery Toolbox for RAR 是一款专业针对 RAR 压缩文件打造的数据恢复软件。程序扫描存档，定义数据结构，并试图从损坏的文件中恢复尽可能多的信息。使用几种不同的恢复算法，该工具将数据损失最小化，并尝试恢复最大可能的信息量。它还会检查数据的一致性，以提高数据恢复的质量。在程序结束恢复会话之后，它将显示完整的恢复报告。

RAR 恢复工具的运行方式如下。

首先，它完全扫描和分析已损坏的归档文件，从中提取可以提取的所有信息，之后文件和文件夹的最终列表出现在屏幕上。下载该工具如图 6-32 所示。

图 6-32　在线下载界面

当然，RAR 恢复程序可能会错误地恢复一些文件，或者根本无法恢复一些文件。这取决于存档的损坏程度。提取的文件和文件夹将保存到指定位置，然后可以使用。同样重要的是，源存档保持不变，并且不以任何方式进行修改，RAR 恢复程序仅从其读取数据。选择恢复的 RAR 文件界面，如图 6-33 所示。

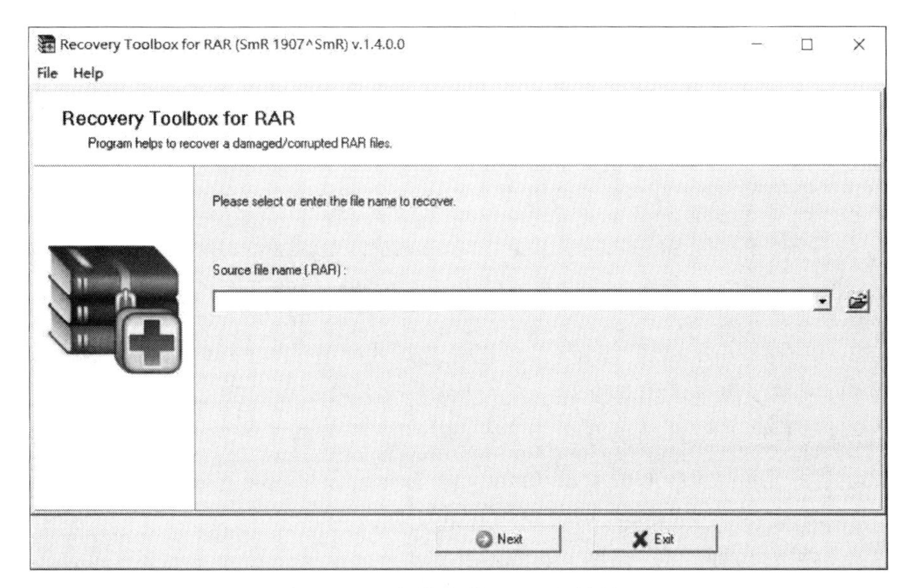

图 6-33　选择恢复的 RAR 文件界面

Recovery Toolbox for RAR 工具具备以下特点。

(1) 从损坏的 RAR 格式的密码保护归档中恢复信息(客户应手动输入密码)。

(2) 从大于 4GB 的 RAR 格式的损坏文件中恢复信息。

(3) 从存储在损坏的介质(CD、DVD、ZIP 驱动器等)上的 RAR 格式的存档中恢复信息。

(4) 通过局域网从 RAR 格式的损坏归档中恢复信息。

6.4.7 修复损坏的 Office 文件

EasyRecovery Professional 是威力非常强大的硬盘数据恢复工具,能够帮用户恢复丢失的数据及重建文件系统。用该工具修复 Office 文档,也是轻而易举的。在前面讲述了修复损坏的 Word 文档的方法有文档格式法、重设格式法、“打开并修复”文件、从任意文件中恢复文本等。如果使用上述方法都不能成功恢复,此时只能借助专业的数据恢复软件,EasyRecovery 因其功能强大,而成为数据恢复软件的首选。如果使用多种方法都不能打开文档,表示文档损坏严重,而使用 EasyRecovery 则可以轻松恢复,操作步骤如下。

步骤一:运行 EasyRecovery 软件,在主界面左侧选择“文件修复”选项,在右侧的主窗口中单击“Word 修复”按钮,如图 6-34 所示。

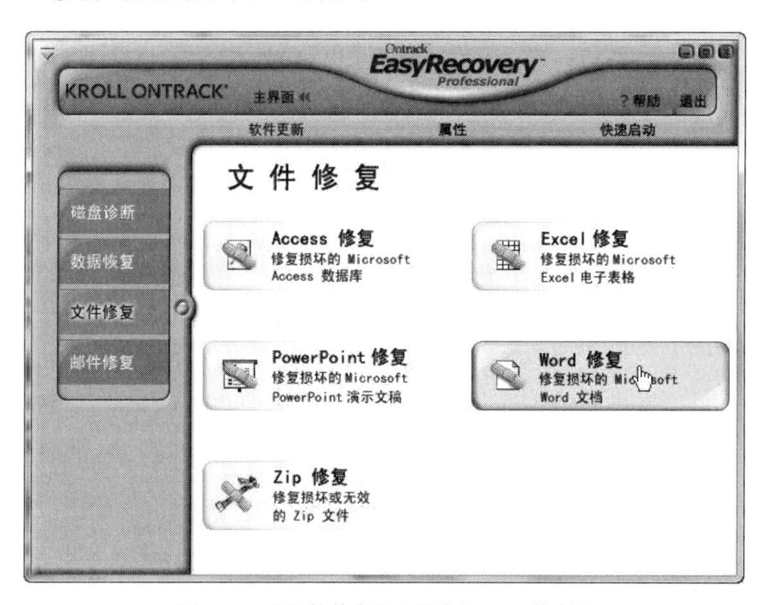

图 6-34 “文件修复”选项中“Word 修复”

步骤二:单击“Word 修复”按钮后,会打开选择要修复的文件界面,在此界面中单击“浏览文件”按钮,选择要修复的损坏文件;在“已修复文件文件夹”选项区域中单击“浏览文件夹”按钮,选择修复后的文件的保存位置,因为默认的位置在 H 盘,本地磁盘一般没有此目录,所以此设置一定要修改,如图 6-35 所示。

步骤三:单击“下一步”按钮,即可对损坏的文件进行修复,修复完成后会弹出“摘要”提示窗口,单击“确定”按钮继续,如图 6-36 所示。

步骤四:稍候会打开“修复报告”界面,如图 6-37 所示,最后再单击“完成”按钮,即可完

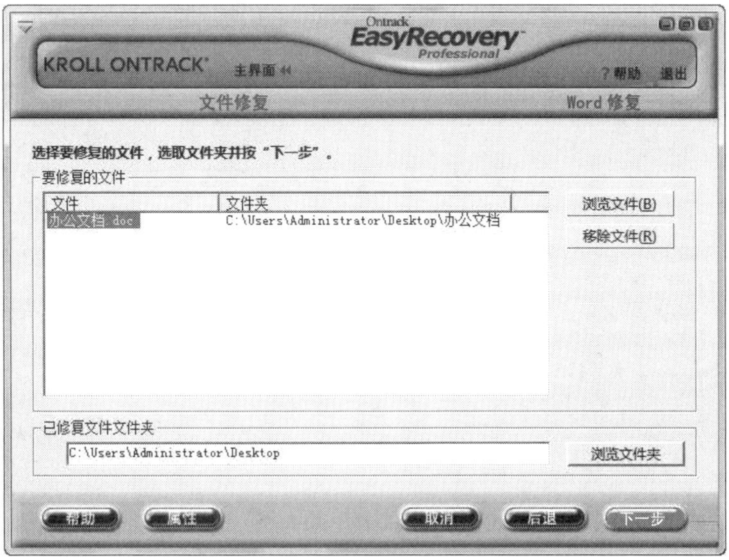

图 6-35　选择文件修复位置

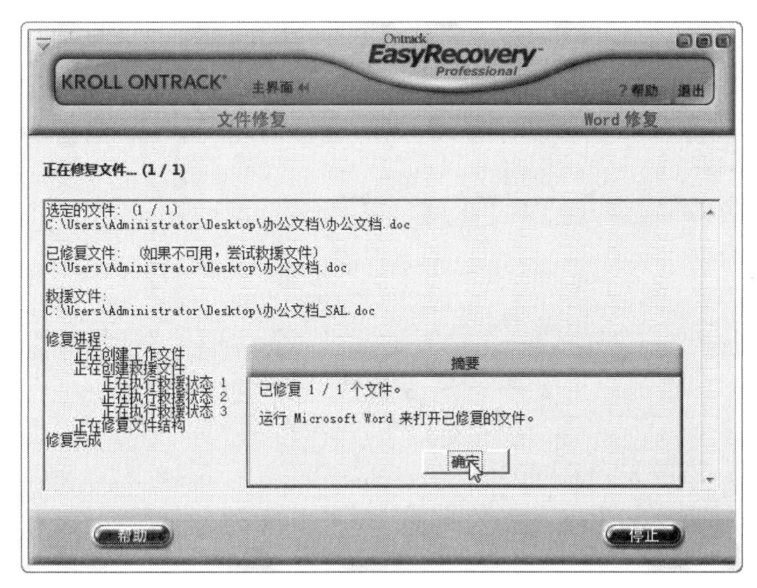

图 6-36　文件修复

成修复。

步骤五：在修复文件保存的文件夹中会出现两个文件，一个与原文件同名，另一个文件的文件名多一个“_SAL”，如图 6-38 所示。

此时，可以先双击原文件名的文档，看一下是否能正常打开，如果不能打开，可能会出现文件转换对话框。在其中进行合适的设置后，可以打开文档，但是文档中的乱码会很多，重要的文字也会丢失。如果修复后的原文档不能满足实际需要，可以打开文件名带有 SAL 的文档。

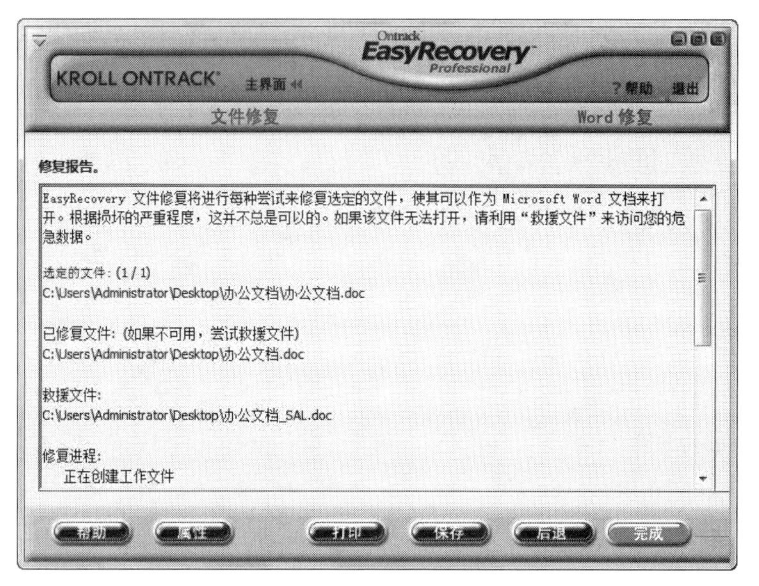

图 6-37　修复报告界面

图 6-38　文件夹呈现的结果

经测试证明，文档中的格式和文字不会丢失，但文档中的图片会集中移动到文档的下方，手动调整后即可恢复文档。

6.5　光盘文件刻录

6.5.1　Nero 简介

Nero 是德国 Ahead Software 公司出品的光盘刻录程序，支持几乎目前所有型号的光盘刻录机，支持中文长文件名刻录，可以刻录 CD、VCD、SVCD、DVD 等多种类型的光盘，是一流的光盘刻录程序。EasyCD Creator 虽然也拥有了很多用户，不过很多刻录机还是仅提供对 Nero 刻录程序的支持，例如理光全系列的刻录机就是如此。

Nero 具备以下特点。

(1) 跨光盘刻录：使用 Nero DiscSpan，可分割超大文件，然后将其一次性刻录到所需的多张光盘上。

(2) 文件恢复：Nero RescueAgent 可以帮助恢复 CD、DVD、USB 及硬盘中的文件。

(3) 翻录音频：可轻松地在计算机上创建所喜爱音乐的播放列表或 CD 混音以进行即时播放。

(4) 光盘表面扫描：SecurDisc 不仅局限于单一的刻录，还有表面扫描功能可以提高光盘刻录的可靠性。

(5) 光盘复制：可以轻松快速地将音乐复制到 CD，甚至将高清电影复制到蓝光光盘。

(6) 刻录长久使用的光盘：Nero SecurDisc 功能可以确保光盘的可读性，减少刮痕、老化和损坏的影响。

6.5.2 Nero 刻录数据光盘

本节以 Nero 10.0 版本为基础，以打开 Nero 的 Nero Express 模式（建议初学者使用此模式对刻录数据光盘）为讲解案例，具体步骤如下。

步骤一：打开 Nero，选择 Nero Express 模式，如图 6-39 所示。

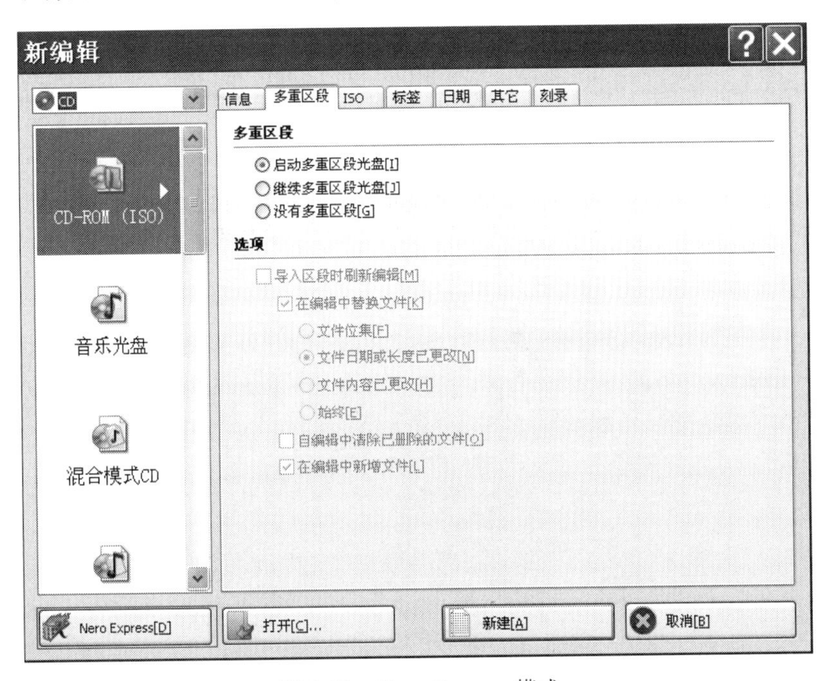

图 6-39 Nero Express 模式

步骤二：选择“数据光盘”，以 CD 光盘为例，如果刻录 DVD 数据光盘，则选择第 2 项，如图 6-40 所示。

步骤三：进入“光盘内容”界面，单击“添加”按钮，如图 6-41 所示，把自己需要添加的资料数据、文件、文件夹全都塞进去，但是需要注意不要超过光盘的容量，如图 6-42 所示。

步骤四：单击“下一步”按钮，进入“最终刻录设置”，如图 6-43 所示。

说明：如果以后还需要添加内容到这张盘里，就选中“允许以后添加文件”复选框。

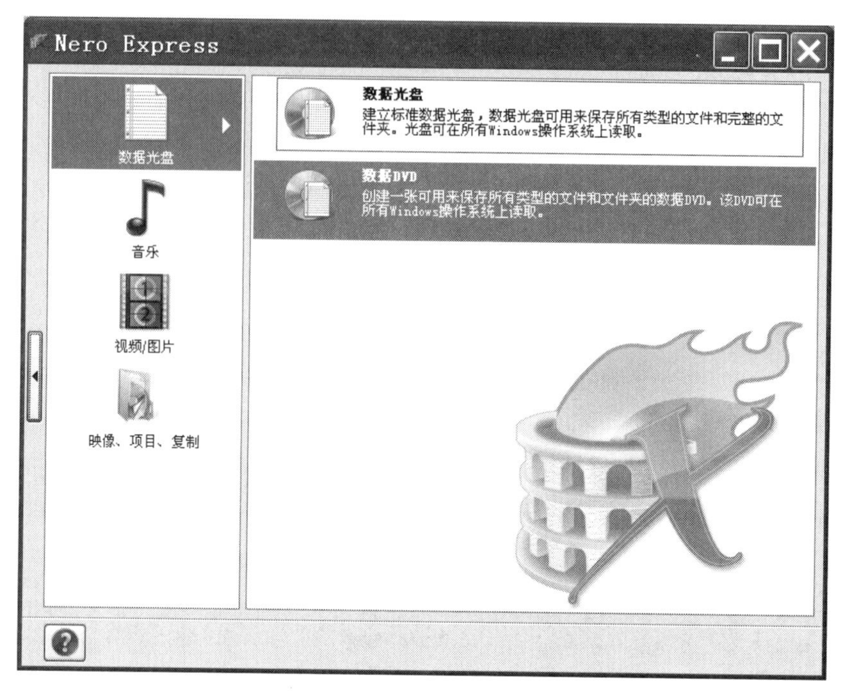

图 6-40　选择数据光盘

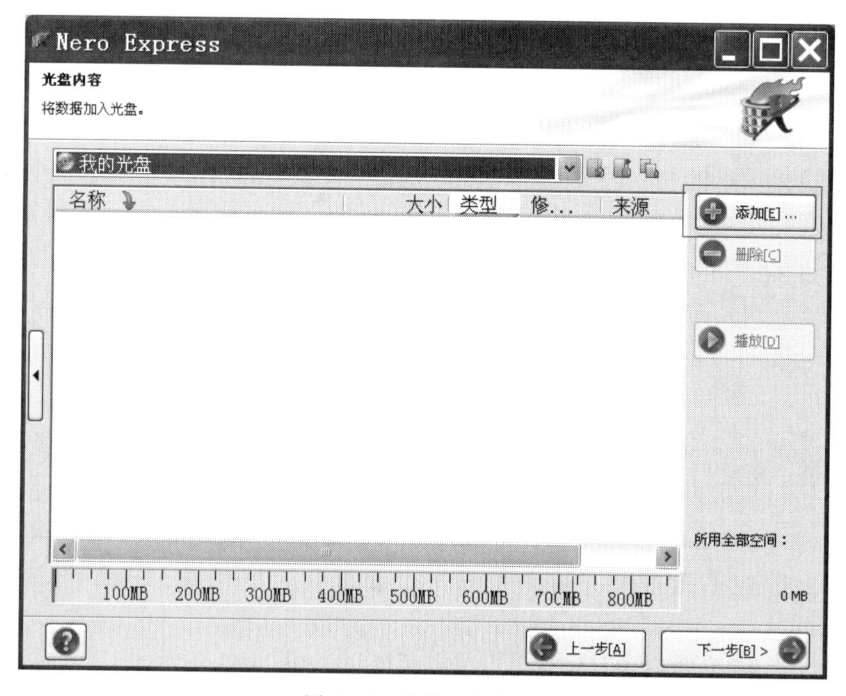

图 6-41　光盘内容界面

注意：除非刻录盘和刻录机质量非常好，否则不要勾选，如果勾选可能出现对原来的资料都读不出来的情况，因为市场上的刻录盘和刻录机质量参差不齐，笔记本用户建议直接去掉该选项。

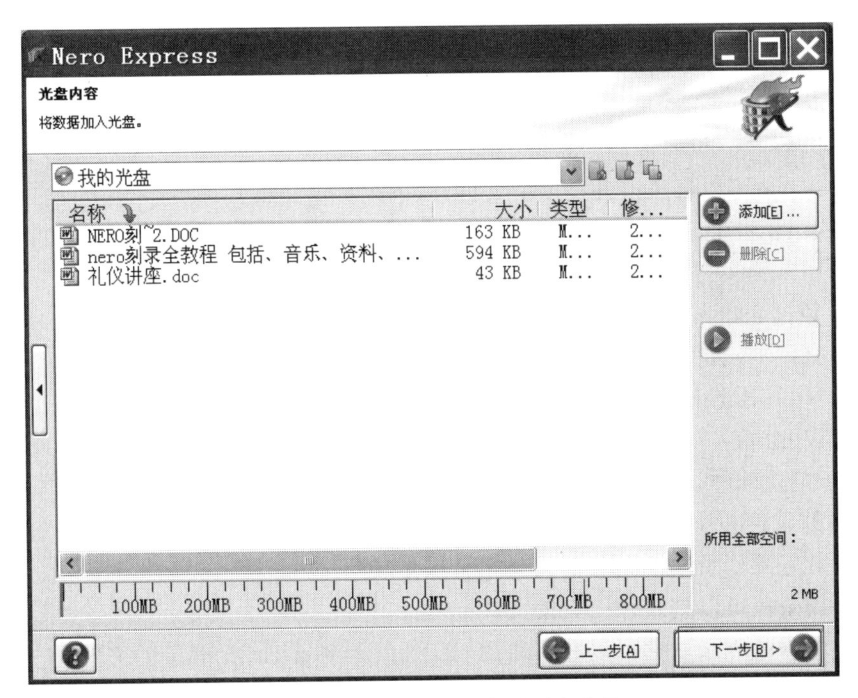

图 6-42　添加到光盘内容及所占容量

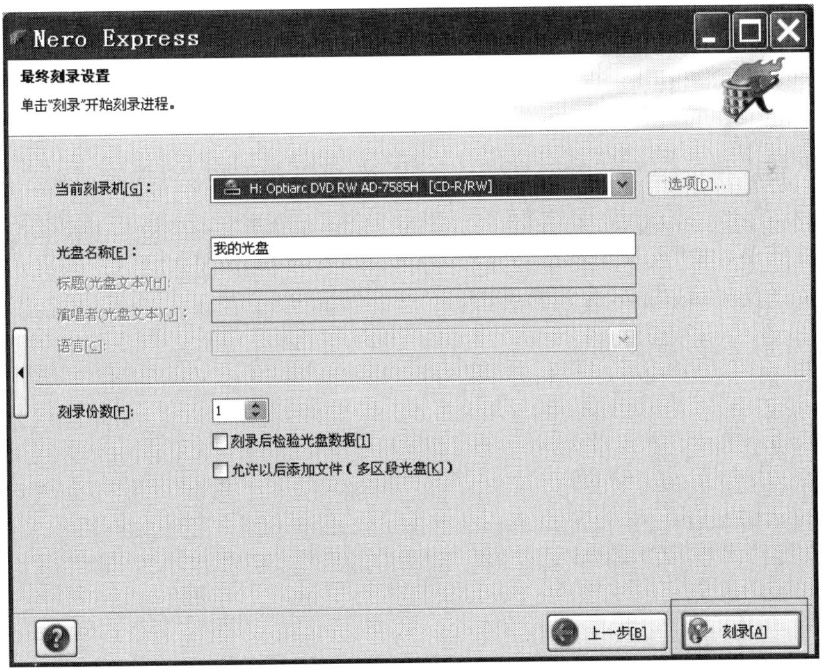

图 6-43　最终刻录设置

步骤五：单击“刻录”按钮，开始刻录。

最后，在刻录过程中最好不要做其他的操作，以避免出现刻录失败的现象。

习　　题

一、单选题

1. WinRAR 可以解压多种类型的文件，除下列(　　)格式外。

   A. CAB　　B. ARJ　　C. ZIP　　D. KDH

2. NeroExpress 不能刻录(　　)光盘。

   A. 数据光盘　　B. 视频光盘　　C. 音频光盘　　D. CD-ROM

3. 下列(　　)软件属于虚拟光驱软件。

   A. Nero Burning Rom　　B. Virtual CD
   C. WinISO　　D. CloneCD

4. 关于刻录软件，下列说法正确的是(　　)。

   A. 刻录时必须使用随机赠送的刻录软件
   B. 最好的刻录软件保证不会刻坏一张光盘
   C. 刻录机可以刻录任何数据文件
   D. 优秀的刻录软件可以在普通的 CD 光盘上刻录 10GB 容量的文件

5. 利用 EasyRecovery 工具软件不可以修复的是(　　)。

   A. 磁盘诊断　　B. 文件恢复　　C. 邮件修复　　D. 分区修复

二、判断题

1. WinRAR 工具软件可以加密，但是不能够解密，因此最好牢记密码。(　　)

2. WinRAR 工具软件，利用鼠标右键弹出的快捷菜单里的“解压”命令，解压后存在的形式一样。(　　)

3. 在不知道对方机器是否装有解压缩软件时，可以在压缩文件时选择创建自解压格式压缩文件。(　　)

4. 对目前 WinRAR 工具软件高级版本，分卷大小单位是 MB。(　　)

5. 刻录光盘时可以不区分光盘类型。(　　)

第7章 语音与语言工具软件

相关知识背景

一种语言不仅是为了表达意思，同时也是一种文化。为了更方便、快捷地输入文字或者传输语音，使两者之间可以相互转换，可以大大减少工作者接触传统键盘输入文字的工作量。语音和文字互相转换是一个很有用的功能。

翻译工具的出现，促使我们在工作、学习、生活中不再为需要大量阅读原文文献而感到束手无策；很多人在学习外语时感到非常吃力，与外国人无法正常交流，此时就需要在手机端安装一款随身翻译工具，提供有效的帮助。

主要内容：

☞ 文字转语音播音系统的介绍

☞ 变声专家的介绍

☞ 朗读女的介绍

☞ 文字转语音助手的介绍

☞ 语言翻译软件的使用

☞ 电子词典工具软件的使用

☞ 随身翻译工具软件的使用

7.1 相关背景知识

语音识别技术，也被称为自动语音识别（Automatic Speech Recognition，ASR），其目标是将人类语音中的词汇内容转换为计算机可读的输入，例如，按键、二进制编码或者字符序列。与说话人识别及说话人确认不同，后者尝试识别或确认发出语音的说话人，而不是其中所包含的词汇内容。

语音识别技术的应用包括语音拨号、语音导航、室内设备控制、语音文档检索、简单的听写数据录入等。语音识别技术与其他自然语言处理技术如机器翻译及语音合成技术相结合，可以构建出更加复杂的应用，例如，语音到语音的翻译。

语音识别技术所涉及的领域包括信号处理、模式识别、概率论和信息论、发声机理和听觉机理、人工智能等。

7.2 文字转语音工具软件

7.2.1 文字转语音播音系统

文字转语音播音系统是一款把文字转成语音的朗读软件，是专为用户提供的计算机播音员。它采用国际领先的语音合成技术，播音效果可与专业播音员媲美，是一款学习和语音宣传的完美软件。

1. 主要特色

(1) 在国内率先突破语调调节技术。

(2) 支持文字音频和背景音乐音频混合后导出为 MP3 文件。

(3) 增加 MP3 音量扩大功能。

(4) 增加五种发音风格，让每一个语音引擎可以发出多种不同的声音。

(5) 背景音乐可随自己喜好增加和删除，并可以调节背景音乐的音量。

(6) 增加播音间隔功能，可设置播音间隔时间，让播音更专业。

(7) 增加背景音乐淡入、淡出效果，让播音效果更具魅力。

(8) 增加先播放背景音乐，再播放音乐加文字语音的功能，让制作效果更好。

(9) 增加声场、可爱童声、清爽女声、魅力男声等音效，让声音更丰富，语音效果更出色。

2. 主要功能

(1) 可以朗读任意的中文、英文、韩文、日文等文字内容，效果清晰、流畅、自然。

(2) 支持男声、女声等多种音色，可以根据喜好自由选择。

(3) 提供播放、暂停、停止功能，让文字也可以自由朗读。

(4) 背景音乐可以自由更换，让朗读效果更具特色。

(5) 支持文本文件、DOC 文件等常见文件格式的导入，满足多方面需求。

(6) 提供音量、语调、语速调节功能，让用户随听所欲。

(7) 特色音效和背景音乐可为用户带来更多娱乐效果。

(8) 可导出 MP3 语音文件，语音朗读可以随身听。

(9) 用户可以自定义词典，让用户可以随意变化读音。

(10) 文字朗读可以带背景音乐导出为 MP3 文件。

(11) 支持常见音频文件格式的相互转换。

(12) 支持单音频文件剪辑、多音频文件连接成一个音频文件功能。

(13) 支持多个声音文件，合并成一个声音文件。

(14) 提供录音功能。

(15) 默认提供 12 套皮肤，界面可以随心换。

(16) 播音文稿支持增加、修改、删除、保存、查找和显示等维护操作。

7.2.2 变声专家

变声专家是一款可以支持在线变声、网络通话的音频变声工具。事实上，从网红 Papi 酱到综艺“软软的秀”再到现在的“贝拉拉”主播等，俨然“变声”的狂潮还在持续升温，本节以变声专家钻石 9.0 正式版作为示例介绍。

本软件可以完成多种不同的变声，如“男变女”“女变男”“变动物”等。支持在线即时通信工具的变声，可以在各种语音游戏里实时变声，还可以为音视频剪辑、报告、解说等添加变声效果，模仿任何人的声音，创建动物声音，改变歌曲声音等。

1. 功能与使用介绍

(1) 打开变声专家，单击界面上方的“假声”，并选择假声类型，如女声变 20～35 岁男人等，如图 7-1 所示。

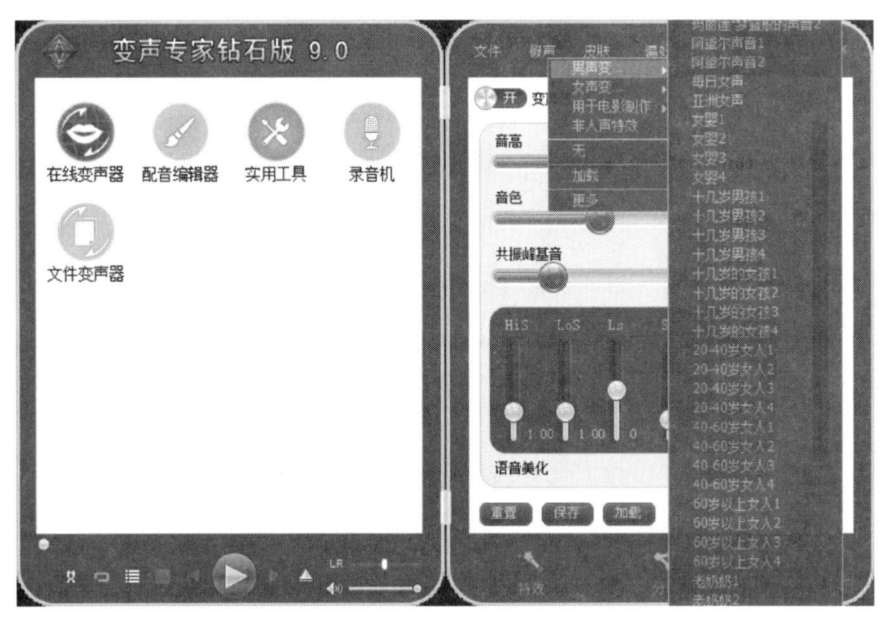

图 7-1　软件界面

(2) 假声类型，单击“美化”修饰已选择的假声类型，如图 7-2 所示。

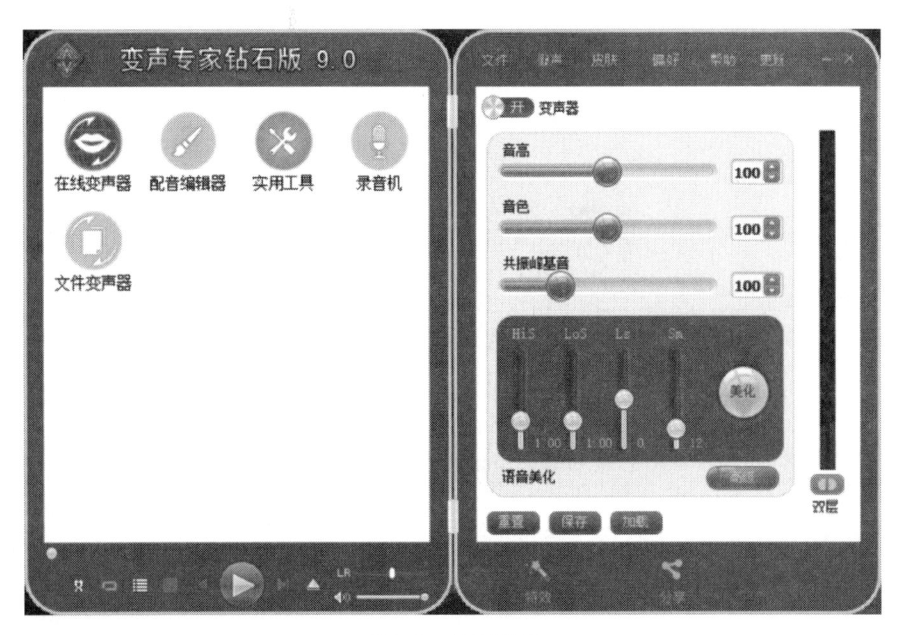

图 7-2　假声类型

软件自带上百种高品质的男声和女声发音和丰富的声音特效，完全兼容一般的聊天工具、语音游戏和网络电话。

(3) 模仿声制作器。变声专家的模仿声制作器可以帮助用户把不同的声音进行合成，模仿出某个特定的人的声音，或者创建出一个全新的声音组合，并保存在变声专家中，供后续使用，如图 7-3 所示。

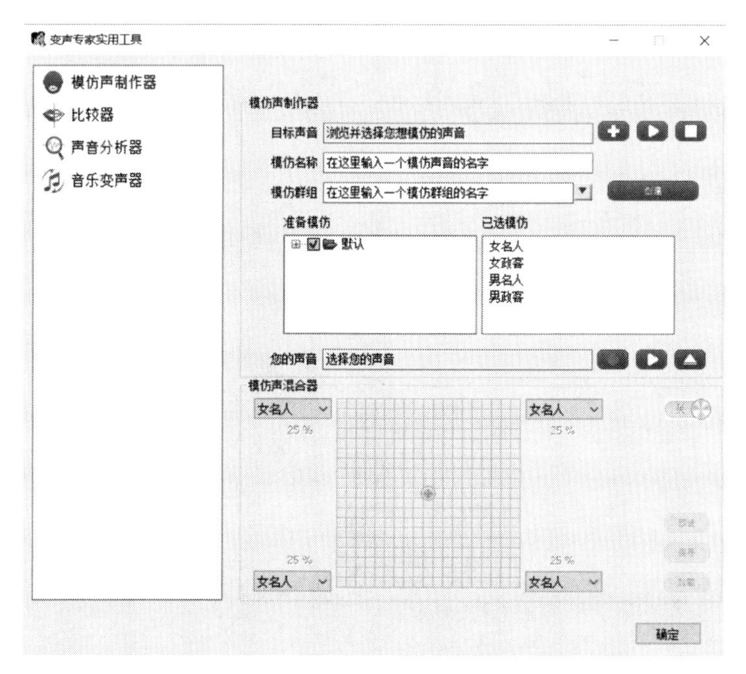

图 7-3　模仿声制作器

(4) 文件变声器。专门用于把录制好的音频文件转换变声，如图 7-4 所示。

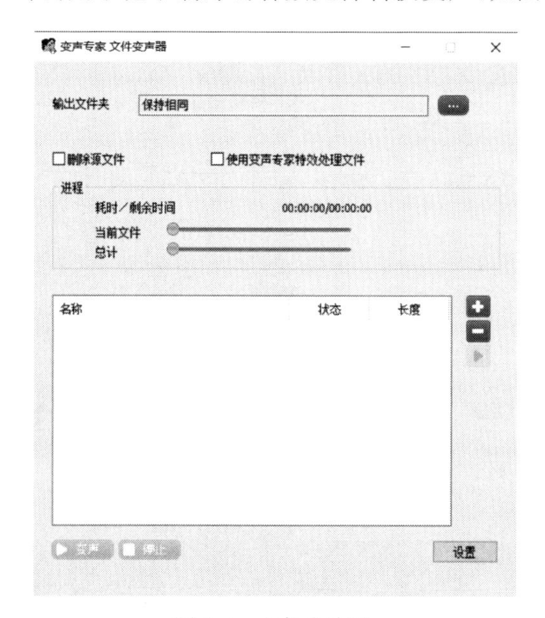

图 7-4　文件变声器

(5) 配音编辑器。导入需要变声的文件,通过右侧各种类型的变声特效,修饰文件变声效果,如图 7-5 所示。

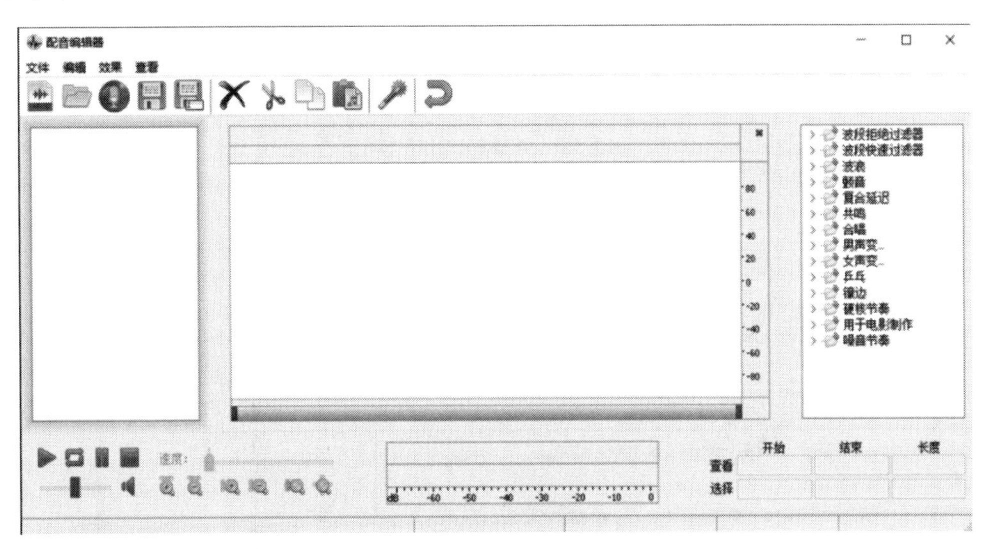

图 7-5 配音编辑器

2. 声音质量原理

其实,我们说话的声音就像是小溪流一样,变声的参数就像是往这些小溪流上加上一些小障碍,或者做分流,让流速改变,但是每做一次改变,小溪流里的水就会有一定的损耗,损耗越大,声音质量就会越差。因此,为了保障声音质量,在使用这类变声软件的时候,尽量少加入特效。

3. 对变声的音质有正面影响的因素

(1) 说话的方式及吐字。

(2) 硬件,如麦克风、声卡的质量越高,音质越好。

(3) 周边噪声越小越好。

(4) 选择逼真的美化值,如单击"美化",选择自定义,在预设里选择悦耳、柔和、柔弱、生动等。

7.2.3 朗读女

朗读女是一个非常简单实用的语音朗读软件。用户可以用它来朗读文本文件、小说,学习外语,语音报时,校对文章,读网页新闻等。凡是屏幕上可选中且能复制的文本它都能朗读,也可以用它来制作有声小说和学习资料音频等。它支持生成 MP3 与及 WAV 格式的声音文件,如图 7-6 所示。

1. 朗读女软件的语音合成功能说明

朗读女的语音合成发音人由在线网络发音人和离线语音引擎发音人两部分组成。根据使用环境与需求灵活配置切换使用,例如,如需获得更快的语速,建议下载安装一个发音人来朗读。

(1) 在线语音合成使用:百度语音、腾讯优图语音。

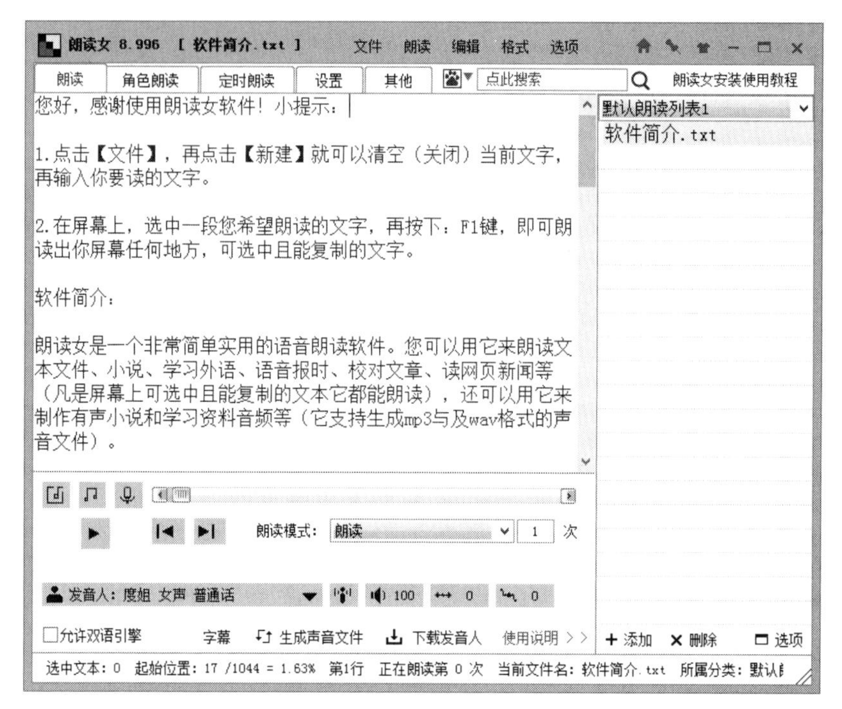

图 7-6　朗读女软件界面

使用在线语音合成，网络发音人需要联网。计算机必须联网，无须再另外配置安装发音人组件，直接运行朗读女，选择对应在线网络发音人后，即可流畅合成并播放出要朗读的文本内容。

（2）离线语音合成使用：XF5 语音引擎、微软 TTS 语音引擎。

使用离线语音合成，即本地发音人，不用联网，但是必须先安装对应的发音人（即语音库）组件才能够朗读文本。直接将发音人软件安装到计算机后就能使用。其特点是可扩展性强，凡是符合微软 TTS 语音引擎标准的任何一款发音人软件产品安装后都可以被朗读女软件调用来朗读文本内容。

2. 朗读女软件使用方法

（1）在朗读女文字编辑区中输入朗读的文字进行朗读。

（2）选中一段希望朗读的文字，再按下 F1 键，即可朗读。或者单击悬浮朗读图标执行朗读功能，也可以使用鼠标中键手势执行朗读功能，还可以使用鼠标右键执行朗读功能。

（3）打开或添加导入外部文本朗读。

3. 支持文件格式

朗读女支持的文件默认格式是 TXT 文本文件，也可以打开 Word 文件，此时，计算机必须先安装 Microsoft Office 或者金山 WPS 办公软件。如果打开 EPUB、MOBI 格式的电子书文件格式，那么计算机必须先安装 Calibre 电子书阅读软件。

4. 文件转换

如果合成音频文件 MP3 或者 WAV 格式的声音文件，首先编辑好要合成的文本内容，然后再单击“生成声音文件”按钮，即可生成。其特点是支持将当前文本转成声音文件或者批量将文本转成声音文件。

5. 制作带有背景音乐的朗读声音文件

设置的背景音乐只在软件中播放才有效，生成文件不支持背景音乐。那么，就需要制作出带有背景音乐的声音文件，有以下两种方法。

(1) 录音法：设置好背景音乐后，使用同步录音功能，边朗读边录音，就可以制作出带有背景音乐的朗读文件。

(2) 混音法：首先，生成没有背景音乐的朗读文件；然后，用混音软件制作成带背景音乐的朗读文件。

6. 本软件默认 F1 键为朗读热键

如果这个设置跟使用习惯有冲突，可以取消热键朗读。或者也可以设置其他按键为朗读热键，设置方法为：设置→热键设置→再按下键盘上的对应键即可。

7. 朗读女软件中的发音人(即语音库)

朗读女软件中的发音人(即语音库)是一个语音合成软件(即平台)，是一个负责调用系统的语音引擎或者网络发音人语音引擎进行朗读文本的语音合成工具。其本身不包含任何语音库(即发音人)，所以在安装好朗读女软件后，最好安装发音人(即语音库)。如果不另外安装语音库，就只能在计算机联网的情况下，才能使用网络发音人(即语音库)朗读文本。

7.2.4 文字转语音助手

文字转语音助手是一款文字转语音软件，可轻松转换语音式阅读，适用于工作中、双眼疲劳时阅读文档等各种场合。具备实时转换与分享、保存文件、方便快捷、使用放心等特点，从而提高日常工作及学习效率。

1. 文字识别

采用智能文字识别技术，可准确地将文本转换为音频播放。

随时播放，为用户提供高效的文档转换播放工具。

2. 文档管理

提供保存文本文件、音频文档、办公文档功能，可分享文档至微信、QQ 等社交软件，支持文档管理和分享功能。

7.3 语言翻译工具软件

翻译软件是一款多国语言翻译软件，分为在线翻译软件和本地翻译软件，并具有拍照翻译、真人发音、句海查询、屏幕取词和在线交流分享等功能。下面介绍几款反响很好的软件或平台。

1. 在线翻译

在线翻译由神经网络机器翻译技术研发而成，基于业界前沿技术，并结合语音识别、图像识别技术，支持语音、对话、拍照和文本多种翻译功能。使用方便，不管所见所闻，即可所得。针对外文菜单还有专门优化。翻译质量业内领先，尤其擅长专业外文文献、外文长文的翻译。能完美满足用户日常翻译、英语学习、出国旅游、论文写作等各种需求。

2. 海词词典

海词词典是最好用的英语学习词典，除了有单词查词、句海查询、离线查词、真人发音、全文翻译等基本功能外，还有专家团队对单词进行精心编撰，涵盖精选例句、用法讲解、词义辨析、常见错误等。相比其他翻译软件，其内容更准确详尽，更有利于学习。其主要特点如下。

(1) 海词词典是由专业的词典专家团队，专为学习人群量身打造的学习词典。相比其他翻译软件，内容更详尽，更有利于学习。

(2) 千万级词库。海词词典不仅涵盖初中英语词汇、高中英语词汇、四六级词汇、考研出国词汇、商务词汇等，而且各行各业、生僻词汇、新词热词等词汇一直在扩容整个词库，目前拥有两千多万个词条。

(3) 云端生词本，无缝隙学习。采用云端同步技术，为用户提供不同平台之间的生词同步学习服务，可以随时随地背单词、复习生词。

(4) 每日一句。每日更新学习内容，为单词拓展学习和巩固提供良好的解决方案。

(5) 每日英语。每日更新阅读、听力、练习等学习内容，为单词学习和巩固提供良好的解决方案。

(6) 真人标准发音。纯正而地道的真人国际标准发音，不再担心外国人听不懂自己所说的英语，也不再担心自己讲英语不够标准。

(7) 全文翻译随时随地可充当翻译顾问。

(8) 轻松背单词，首创的“飘”单词功能，可以让单词像歌词一样飘在计算机桌面上，在无意中更加轻松便捷地背单词。

3. 金山词霸

金山词霸是目前使用最为广泛的汉英双语工具。不仅词汇量大，而且能够在计算机桌面即时取词，使用相当方便，可以查询多学科词汇，可以说是做得相当成功的一款词汇软件。

4. 拍拍易

拍拍易是一款手机端的人工翻译软件，具有拍照翻译、图片翻译和文档翻译功能，覆盖中、日、法、西、俄等多国语言。

7.3.1 金山快译简介

金山快译是汉化翻译及内码转换新平台，是金山词霸的一种衍生产品。它具有中、日、英多语言翻译引擎，以及简繁体转换功能，可以快速解决在使用计算机时英文、日文以及中文简繁体转换的问题。它的全文翻译器采用快译最新的多语言翻译引擎，具有全新的翻译界面。不仅扩充了翻译语种的范围，有效提高了全文翻译的质量，而且在易用性方面也有了很大的提高。

新的引擎可以进行简体中文、繁体中文与英文、日文间的翻译，包括简体中文→英文、繁体中文→英文、英文→简体中文、英文→繁体中文、日文→繁体中文、日文→简体中文。翻译界面一改以往翻译界面的固定化模式，提供多种界面模式；操作方面将常用功能按钮化，用户不需要再到多层菜单中去选择常用的功能，节省了操作时间。

(1) 全新人工智能翻译引擎，字库全面扩充，翻译品质整体提升，采用已有 16 年历史、历经 9 次升级的最新人工智能翻译引擎，支持更多的文档格式，包括 PDF、TXT、Word、

Outlook、Excel、HTML 网页、RTF 和 RC 格式文件。直接翻译整篇文章，搭配多视窗整合方式。

(2) 翻译平台是英文/日文网页、Office 文件翻译的首选软件。新增中文姓名自动判断功能。字库文法全面扩充，字库增加 12 600 个词条，增加文法 3040 条规则，令翻译更智能。

(3) 网页翻译快速、简单、准确(增强)。

① 快速。打开网页，单击快译浮动控制条上的"译"按钮，2s 内即可完成"英中""日中"翻译，网页版式保持不变，用户可根据翻译过来的内容直接单击所需内容。

② 简单。使用工具栏的上相应按钮就能完成各种翻译功能。

③ 准确。用户还可启用"高质量全文翻译"，将网页内容复制粘贴，即可实现高质量的翻译。

(4) 英文简历/文章的写作和翻译易如反掌(增强)。

① 在 Word 中内嵌工具栏，可快速将文章进行中英/英中翻译。"全文翻译器"采用最新多语言翻译引擎，用户只需在"全文翻译器"中打开相关文件或粘贴文章内容，就能马上实现高质量的翻译，甚至还支持批量文件翻译。

② 提供"英文写作助理"，可使用户快速正确地拼写单词。它可以使用在任何文本编辑器中，显示出与拼写相似的单词列表以及单词释义，同时还可自动识别大小写。用户可迅速找到需要输入的单词。该写作助理可以脱离快译单独运行，启动和切换类似其他输入法，随时可以调用。

(5) 最佳非中文软件使用伴侣，汉化转码样样行(增强)。

附增 1000 个常用软件汉化包，针对二百多个常用英文软件深度汉化，启动快译"永久汉化"即可得到相关软件的永久中文版。

(6) 智能多语言内码转换简体中文、繁体中文、日文，支持软件和文档的转码，去除乱码困扰。

7.3.2 金山快译的安装

金山快译个人版是一款强大的中日英翻译软件，既提供了广阔的词海，又是灵活准确的翻译家，可快速便捷地帮助用户在 Microsoft Office 和 WPS Office 等办公软件中、IE 浏览器中以及聊天工具里实现简中、日、英、繁中的语言文本翻译。

1. 金山快译个人版功能特色

(1) 蕴含全新的专业词库。对专业词库进行全新增补修订，蕴含多领域专业词库，收录百万专业词条，实现了对英汉、汉英翻译的特别优化，使中、英、日专业翻译更加高效准确。

(2) 中日英繁聊天翻译。全新支持 QQ、RTX、MSN、雅虎等软件进行全文翻译聊天功能，进行多语言的聊天，达到无障碍的沟通。

(3) 网页翻译更加快速准确。即时翻译英文、日文网站，翻译后版式不变，提供智能型词性判断，可以根据翻译的前后文给予适当的解释，并支持原文对照查看。

(4) 高级翻译功能。采用全新的多语言翻译引擎、全新的翻译界面。

(5) 快速翻译。可针对 WPS 表格、WPS 文字、Microsoft Word、Microsoft Excel、Microsoft PowerPoint、Microsoft Outlook 2000 及以上版本，同时支持 IE、文本文件，当打开以上软件，选择六种翻译引擎后，即可快速方便地得到翻译结果。

2. 金山快译个人版安装方法

下面以金山快译个人版 1.0 作为介绍。

步骤一：下载此版本，在本地得到一个压缩包，使用 WinRAR 压缩软件解压后，双击 SETUP. EXE 文件进入软件安装界面，单击"下一步"按钮继续安装，如图 7-7 所示。

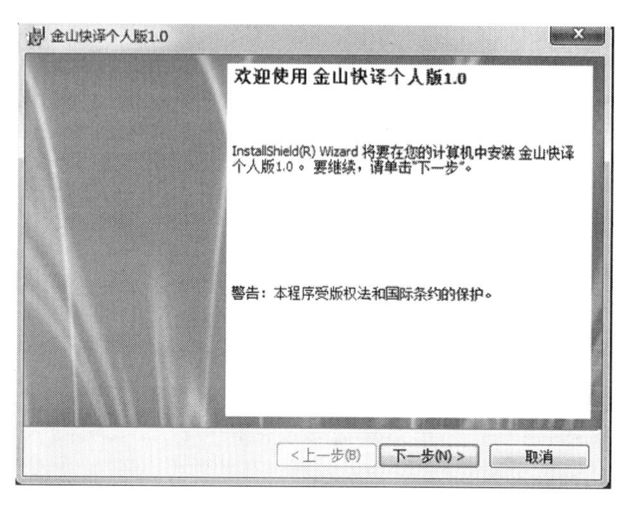

图 7-7 软件安装界面

步骤二：进入金山快译个人版安装协议界面，可以先阅读协议中的内容，阅读完成后单击选择"我接受……"单选按钮，然后单击"下一步"按钮继续安装，如图 7-8 所示。

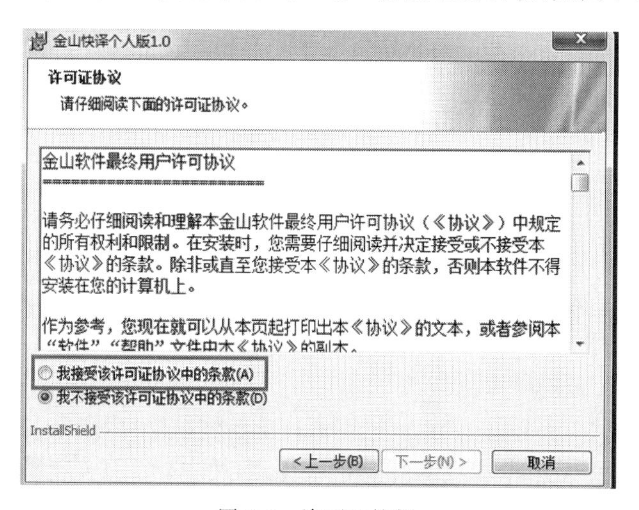

图 7-8 许可证协议

步骤三：选择金山快译个人版安装位置。可以直接单击"下一步"按钮，按照默认位置安装；或者单击"更改"按钮，在打开的窗口中自行选择软件安装位置，选择完成后单击"下一步"按钮，如图 7-9 所示。

步骤四：准备安装软件，单击"安装"按钮即可，如图 7-10 所示。

步骤五：通过上一步后软件进入安装过程，此时需要耐心等待软件安装完成即可，如图 7-11 所示。

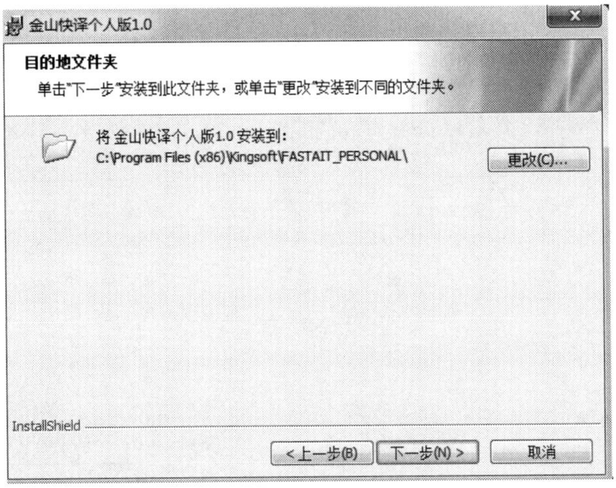

图 7-9　选择目的地文件夹

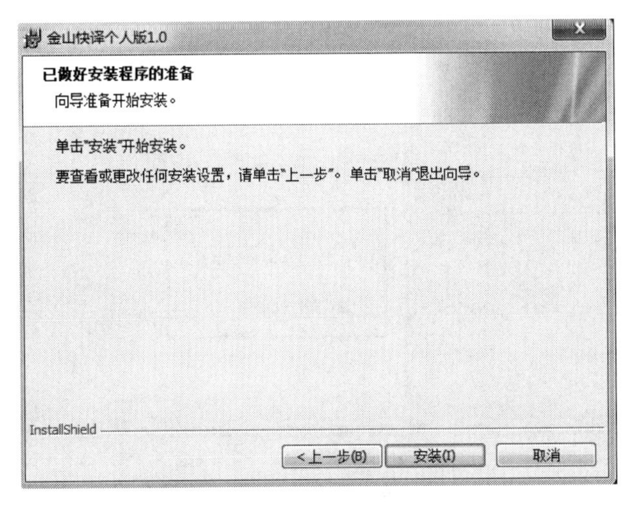

图 7-10　做好安装程序的准备

步骤六：金山快译个人版安装完成后，此时翻译平台安装完毕，需要安装“金山词霸”才可以使用软件。在金山快译个人版 1.0 的安装完成界面中，勾选红色框中选项“建议安装金山词霸”后单击“完成”按钮，完成最终的安装，如图 7-12 所示。

3. 金山快译个人版 1.0 使用说明

（1）在桌面上双击运行金山快译个人版 1.0 的快捷方式，打开软件。

（2）在打开的软件中，单击左上角的图标就可以打开金山快译个人版。

（3）在右侧输入要翻译的单词就可以了，如图 7-13 所示。

（4）也可以使用金山快译个人版翻译文章。单击软件顶部菜单中的“打开”选项，在弹出的“打开”窗口中选择准备翻译的文章，单击“打开”按钮即可。

注意：翻译文章的文件类型必须是 TXT 文件。

（5）单击顶部菜单栏中的“打开”按钮，在弹出的选项中单击“选择编码”，在打开的选项编码窗口中选择需要的编码类型，选择完成后单击“确定”按钮。

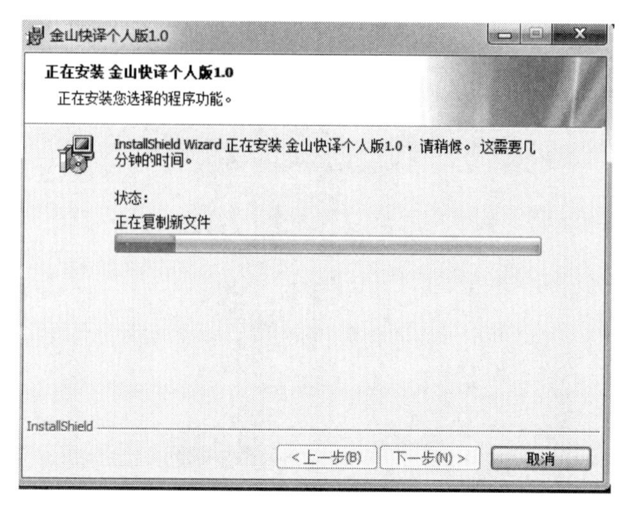

图 7-11　过程安装

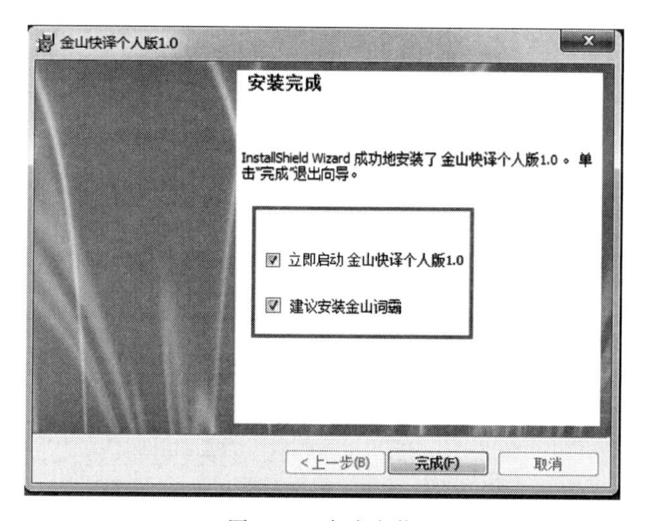

图 7-12　完成安装

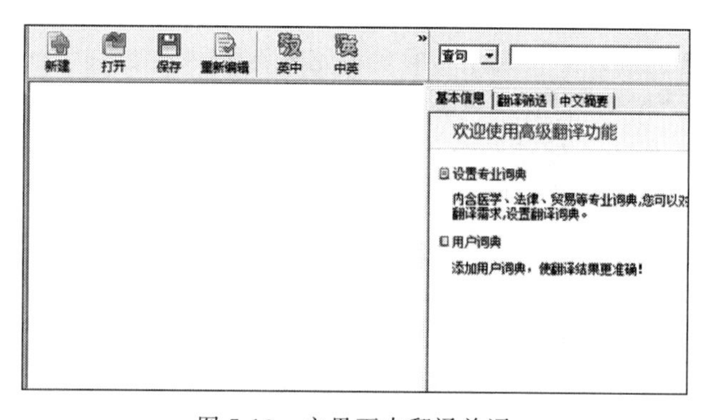

图 7-13　主界面中翻译单词

(6) 选择需要翻译的语言。

(7) 最后就可以翻译出需要的语言了。

7.3.3 金山快译的启动

打开金山快译后，会出现一个小工具条在屏幕的右上角并且自动隐藏。

方法一：单击“开始”→“程序”菜单，从中选择“金山快译个人版 1.0”程序组，然后单击“金山快译个人版 1.0”选项，即可启动快译。

方法二：程序安装以后，当选择相应的组件，系统会在桌面上生成“金山快译个人版 1.0”的图标，单击此图标即可启动。

7.3.4 金山快译的系统设置

在浮动的金山快译工具条上单击“小扳手”按钮，在弹出的菜单中选择“系统设置”命令，如图 7-14 所示。用户可以依据自己的习惯来设置软件功能。“系统设置”包括常规设置、外观设置、升级设置，以及热键设置。

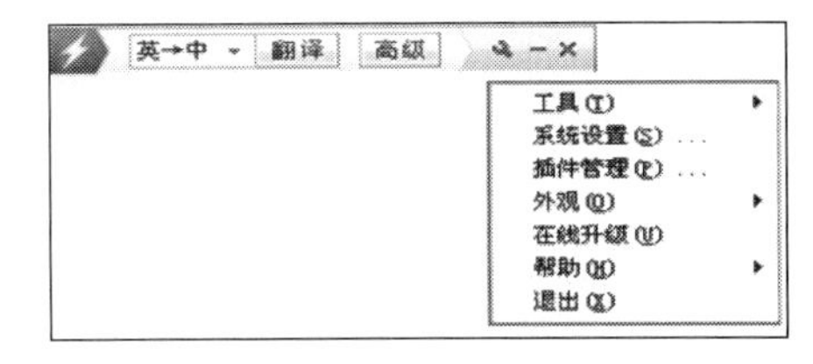

图 7-14 设置选项菜单

1. 常规设置

由启动设置和窗口设置两大部分组成，用户依据对软件本身的需要可进行选择，如图 7-15 所示。

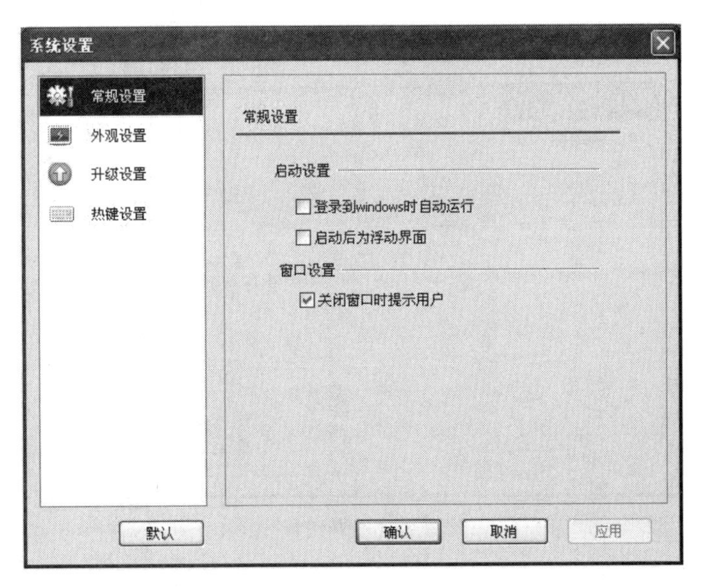

图 7-15 常规设置

2. 外观设置

如果选择“浮动界面半透明”复选框，当切换为浮动界面时，鼠标移开，界面为半透明状；如果选择“界面音效”复选框，在使用金山快译界面时，会出现提示的音效效果，如图 7-16 所示。

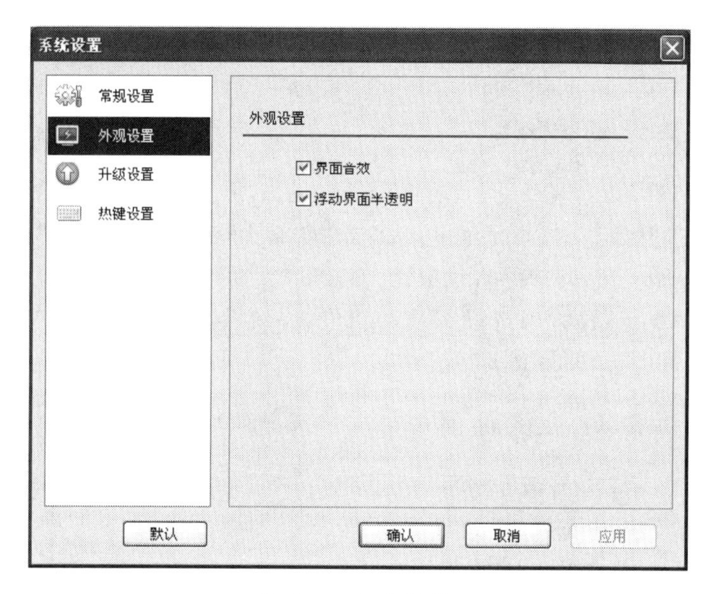

图 7-16　外观设置

3. 升级设置

用户可选择"自动升级"功能设置，来完成对程序以及内容的升级，如图 7-17 所示。

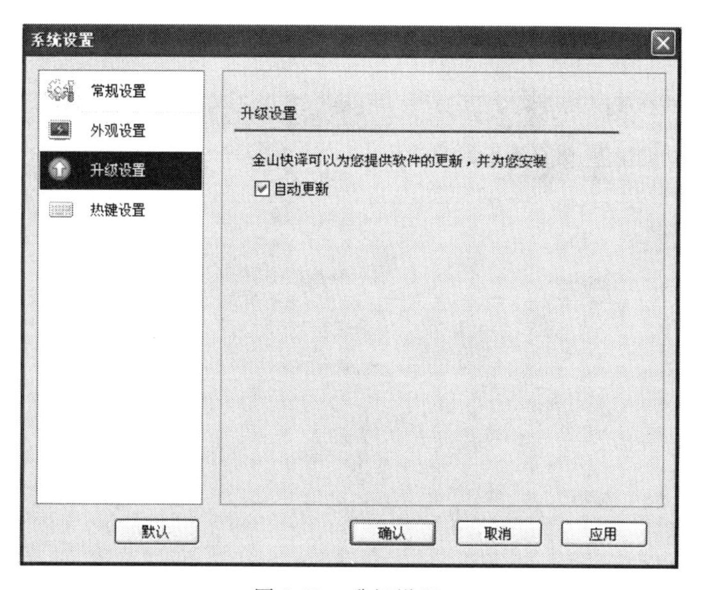

图 7-17　升级设置

4. 热键设置

用户可以按照使用习惯对热键进行设置，如图 7-18 所示。

7.3.5　金山快译的快速翻译

当用户打开金山快译个人版 1.0 主工具条时，通过选择六项翻译引擎，可方便快捷地使用快速翻译功能，如图 7-19 所示。

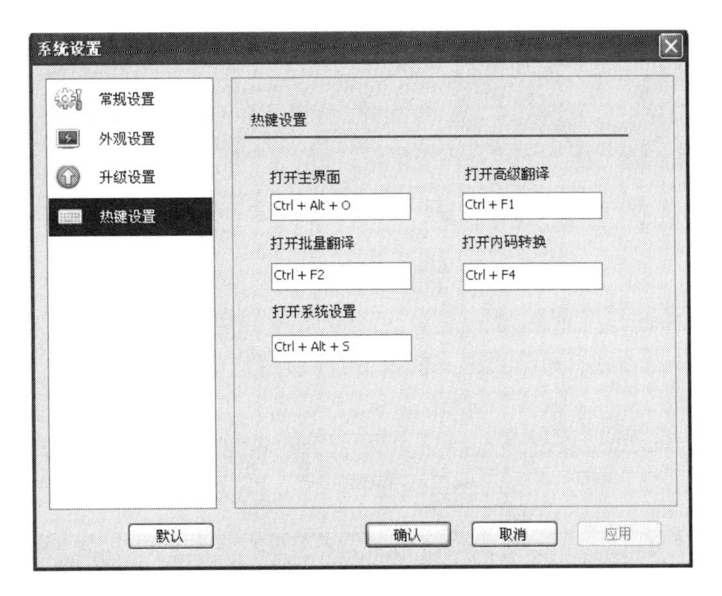

图 7-18　热键设置

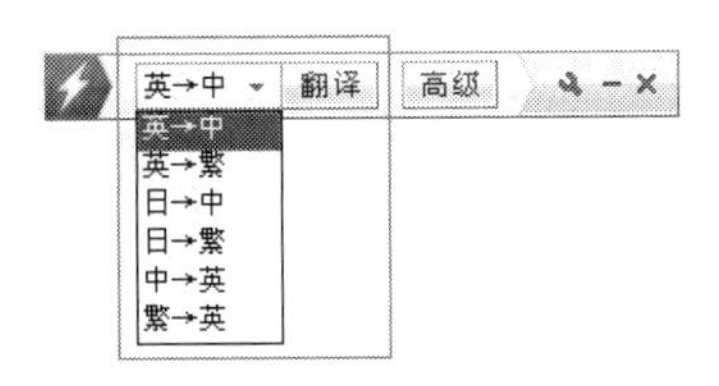

图 7-19　快速翻译

快速翻译界面由六种翻译引擎、“翻译”按钮以及翻译后“还原”按钮组成。

打开需要翻译的文档格式，选择翻译引擎语言，进行文档翻译，以下是翻译后的界面状态，如图 7-20 所示。

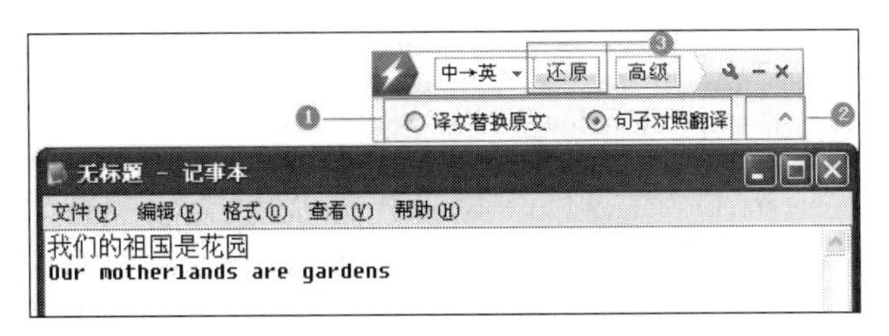

图 7-20　翻译后的界面状态

1. 翻译模式

有两种模式供用户选择，当用户翻译文档后，可选择“句子对照翻译”进行原译文的对照查看。

2. 缩起

可自由对翻译模式展开及缩起，如图 7-21 所示。

图 7-21　缩起状态

3. 还原

可将翻译的文档还原为原始文档。

以上翻译模式针对 TXT 文本、WPS 表格、WPS 文字、Word 文档、Excel 文档、PPT 文档等支持文本翻译，而对 IE 翻译时，暂不支持“还原”功能。

7.3.6 金山快译的高级翻译

金山快译个人版 1.0 高级翻译是用于全文翻译的专业工具，用户可以在此功能里进行专业词典的选择，并进行专业领域的翻译；同时还提供翻译筛选的功能，用户可以根据需要，选择同一翻译的不同结果；而“中文摘要”可以对用户中文文章内容进行提取，并将提取的重点进行英文翻译。

具体方法为：单击“综合设置”，然后单击“工具”和“高级翻译”，将弹出高级翻译界面，如图 7-22 所示。

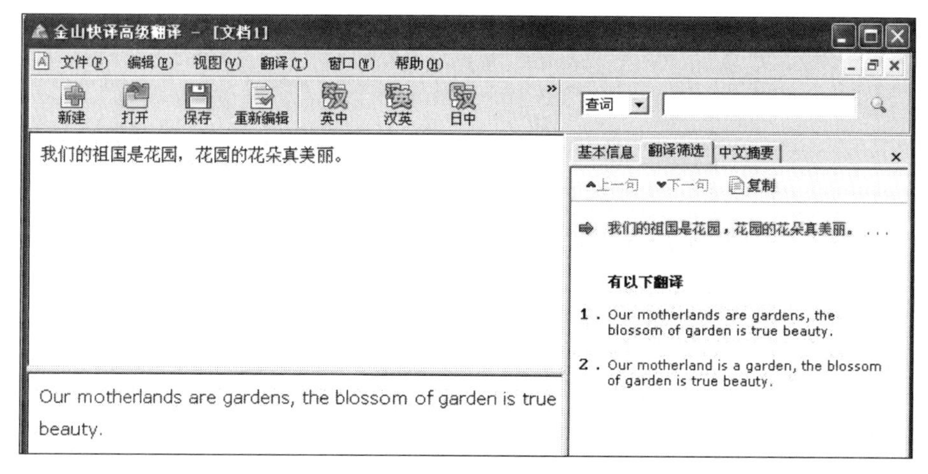

图 7-22 高级翻译

7.3.7 金山快译的插件管理

金山快译个人版 1.0 安装完成后，会自动在用户计算机上的 Microsoft Word、Microsoft Excel、Microsoft PowerPoint、WPS、Adobe Reader、IE 等软件中作为插件工具加载，用户在使用软件进行翻译时，可方便地运用快译插件，进行文章翻译，如图 7-23 所示。

插件管理器调用方法如下。

方法一：通过 Windows 的“开始”程序菜单选择“金山快译个人版 1.0”，在弹出的菜单中选择“插件管理器”，如图 7-24 所示。

方法二：通过软件主界面中“综合设置”选择“插件管理”命令，如图 7-25 所示。

通过以上两种调用插件管理器方法可以打开插件管理器，可以控制软件中插件的开启或者关闭状态，帮助用户灵活自如地运用软件插件，如图 7-26 所示。

注意：在相关文档编辑软件的插件中，单击右键菜单选择相关项关闭，用此种方式关闭插件功能，仅对当前操作有效，相关文档编辑软件在下次启动时仍然会加载插件项。

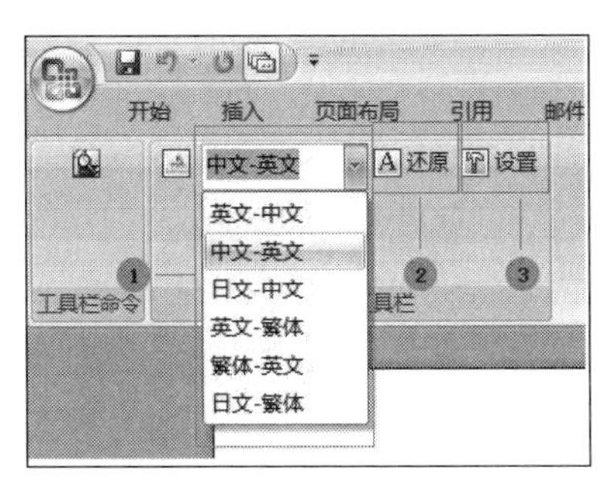

图 7-23　插件界面

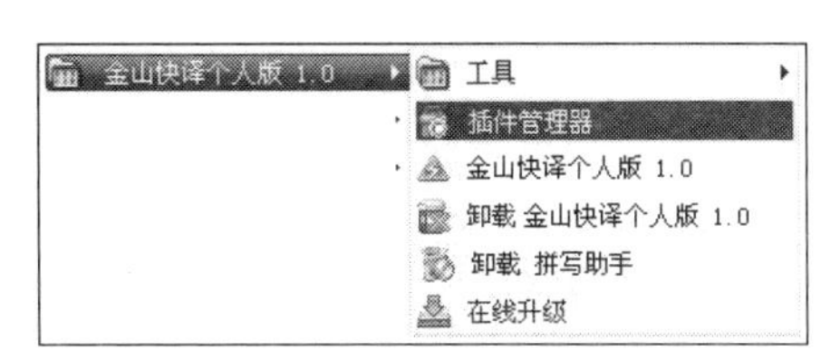

图 7-24　开始菜单调用插件管理器

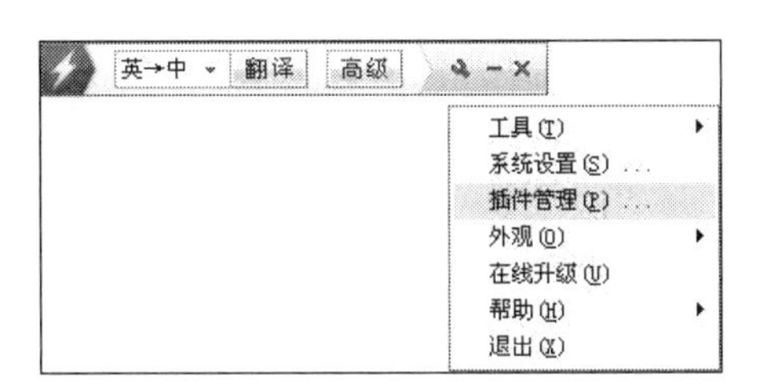

图 7-25　软件主界面调用插件管理器

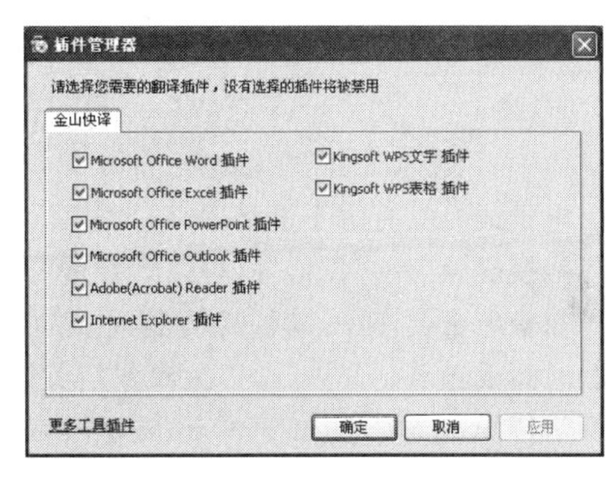

图 7-26　“插件管理器”对话框

7.3.8　金山快译的其他功能

1. 拼写助手的运行环境

(1) 可以使用在任何文本编辑器中，包括 WPS、Word、记事本、写字板、Outlook Express、IE 等；同时也可以脱离快译单独运行，还可以在输入法之间快速切换。

(2) 目前支持所有的 Windows 操作系统。

2. 拼写助手的功能说明

金山快译个人版 1.0 英文拼写助手，顾名思义，是一个帮助用户书写英语的小工具。拼写助手可以使用在任何文本编辑器中，开启拼写助手后，将显示出与拼写相似的单词列表，同时还可以自动识别大小写，用户可以根据列表快速找到需要输入的英文单词。拼写助手不仅可以帮助用户找到单词，同时还可以帮助用户输入相关的词组，该写作助理在快译安装后自动安装在系统输入法栏中，可以脱离快译运行，启动和切换写作助理与其他输入法操作方法一样，随时可以调用。

3. 拼写助手的使用方法

(1) 金山快译英文拼写助手运行的方法与输入法的切换一样，如图 7-27 所示。

(2) 当拼写助手处于运行状态时，任务栏右下角托盘中显示其运行状态，如图 7-28 所示。

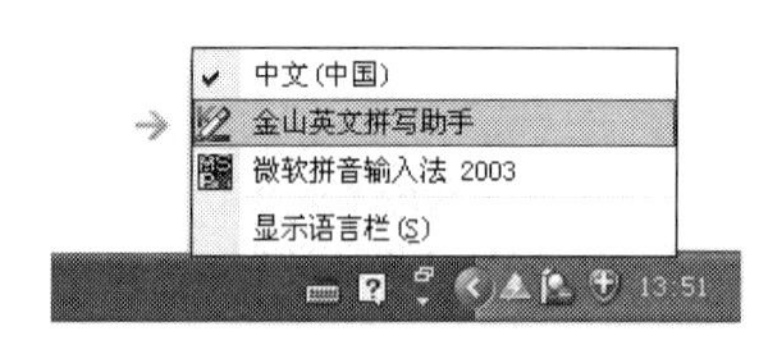

图 7-27　输入法显示栏显示拼写助手

图 7-28　窗体右下角运行状态

(3) 运行时还会在窗体的左下角出现其浮动开关。

(4) 默认状态为"开启",如果暂停使用,单击"开启"状态切换到"关闭"状态即可。

(5) 在应用拼写助手进行输入的时候,可以在下端出现近似词的列表中,用上、下键进行选择,每移动到一个词条将相应地显示单词的解释用户参考。

7.4　电子词典工具软件

电子词典具有电子显示屏,包括黑白对比显示或者彩色显示,以及输入装置,包括键盘或者触摸屏、红外扫描器等,可以代替传统字典功能,是实现中文和英文或其他语种之间转换的消费电子类产品,其种类繁多,系统功能类似,主要功能有学习、娱乐、密码设置、资料备份和时间设置等。其中,学习大致包括英译汉、汉译英,稍高级的电子字典基本会有数理化生等学科的基本概念、知识重点、测试及习题,或者英汉互译的升级版,以及雅思、托福等常用等级考试词汇。

下面介绍四种常见的英汉电子词典软件。

1. 金山词霸

金山词霸移动版,可分为 Android 版和 iOS 版,是一款经典、权威、免费的词典软件,完整收录柯林斯高阶英汉词典;整合五百多万双语及权威例句,141 本专业版权词典;并与 CRI 合力打造 32 万纯正真人语音。

同时支持中文与英语、法语、韩语、日语、西班牙语、德语六种语言互译。采用更年轻、时尚的 UI 设计风格,界面简洁清新,在保证原有词条数目不变的基础上,将安装包压缩至原来的 1/3,运行内存也大大降低。

金山词霸 PC 个人版,以版本 2016 为例,是金山软件为用户全新定制的产品,采用领先的 C/S 应用模式,由企业服务器金山词霸客户端组成。该版本的特点是部署灵活,便于企业对多用户实现统一管理。同时对主流操作系统和浏览器实现了更好的兼容性,屏幕取词更稳定快速,更符合专业用户的使用习惯。

2. 有道桌面词典

有道词典是由网易有道出品的全球首款基于搜索引擎技术的全能免费语言翻译软件。有道词典通过独创的网络释义功能,轻松囊括互联网上的流行词汇与海量例句,并完整收录《柯林斯高级英汉双解词典》《21 世纪大英汉词典》等多部权威词典数据,词库大而全,查词快且准。结合丰富的原声视频音频例句,总共覆盖 3700 万词条和 2300 万海量例句。

它集成中、英、日、韩、法多语种专业词典,切换语言环境,即可快速翻译所需内容。网页版有道翻译还支持中、英、日、韩、法、西、俄七种语言互译。新增的图解词典和百科功能,提供了一站式知识查询平台,能够有效帮助用户理解记忆新单词,而单词本功能更是让用户可以随时随地导入词库背单词,学习英语更轻松。

3. StarDict

StarDict(星际译王)是利用 GTK(GIMP TOOLKIT)开发的国际化的、跨平台的自由的桌面字典软件。它并不包含字典文档,用户须自行下载配合使用。它可以运行于多种不同的平台,如 Linux、Microsoft Windows、FreeBSD 及 Solaris,并使用 GPL 授权。

StarDict 具有模糊匹配、屏幕取词、通配符查词、单词朗读的功能,而且自带中文字体,独立于系统之外。星际译王 3.0 版更增加了全文翻译、网络词典等新功能。

StarDict 支持的语言,除了简体、繁体中文与英文互译,还支持日文、俄文等。当运行于扫描模式时,所选取的词语将会自动地在字典里找寻,并会将所有的结果展示于弹出菜单中。它能通过与 FreeDict 的整合来翻译外文网站,虽然不甚完善,但是用户也能从中领略大概意思。

2006 年年底,软件开发者以个人经济问题为由,向在其网站下载字典文件的用户进行收费,一时激起了 Linux 社区的强烈质疑和不满。最终在舆论的压力下,收费计划以被迫取消而草草收场。随后 StarDict 项目终因版权问题走到了尽头,已在 SourceForge 中被删除。

4. Lingoes

Lingoes 是一款简明易用的词典与文本翻译软件,支持全球八十多种语言翻译,具有查询、全文翻译、屏幕取词、划词翻译、例句搜索、网络释义和真人语音朗读功能。同时还提供海量词库免费下载,专业词典、百科全书、例句搜索和网络释义一应俱全,是新一代的词典与文本翻译专家。Lingoes 支持互查互译的语种包括: 英、法、德、意、俄、汉、日、韩、西、葡、荷兰、瑞典、乌克兰、波兰、土耳其、泰、印尼、越南、波斯、希伯来、阿拉伯语及更多。

7.4.1 金山词霸简介

金山词霸是一款经典、权威、免费的词典软件,目前整合收录 141 本专业版权词典,30 余万真人语音,17 个场景 2000 组常用对话,完整收录《科林斯 COBUILD 高阶英汉双解学习词典》。同时支持中文与英语、法语、韩语、西班牙语、德语六种语言互译。

本节以金山词霸 2016 PC 个人版作为示例讲解。它在专注提升查词体验的基础上斥巨资购买牛津词典,耗时数月解析牛津词典数据,为使用用户获得更佳的牛津词典阅读体验,重新调整了字体的显示效果,并根据牛津词典中的解释,对部分词典内容进行了修改。牛津词典中的插图、用法说明、附录等内容暂未包含。

金山词霸具备以下功能。

(1) 离线词典: 下载此版本时,已经同时下载了英汉/汉英的词库,包含百万词条,可以在计算机没有联网的情况下满足基本查词需求。

(2) 浏览器划译: 取词划译非常好用,本版本全面支持 IE9,Firefox 9+,Chrome 16+等浏览器。另外,可以在 PDF 文件中取词。独家的译中译功能,支持在取词划译框里再取词翻译,更加便捷。

(3) 权威词典: 该版本包含 141 本版权词典,涵盖金融、法律、医学等多个行业,拥有 80 万专业词条,相当于随身携带一书柜的词典。

(4) 真人语音: 三十余万纯正英式、美式真人语音,特别针对长词、难词和词组。另外,它还具备强大的 TTS 功能,即“从文本到语音”,可以实现文字智能转换为自然语音,其关键技术是语音合成。

(5) 情景例句：集合 17 种情景，2000 组常用对话，通过搜索快速匹配最合适的情景表达。

(6) 汉语词典：内置超强汉语词典，从生僻字到流行语，发音、部首它全知道，还有笔画写字教学，对于诗词、成语、名言等，可以一键查阅经典出处，但是此功能可能需要购买升级版本。

(7) 生词本：在查阅单词的同时，可快速添加至指定默认生词本。

7.4.2 金山词霸的安装和运行

双击金山词霸安装文件，运行安装程序，如图 7-29 所示，单击"一键安装"按钮，将按照默认路径安装。也可以单击"自定义安装"按钮，通过"浏览"按钮或者手动输入更改默认安装路径。最后，单击"立即安装"按钮，如图 7-30 所示。随后稍等安装完毕后自动打开运行界面，或者在之后使用时双击桌面快捷图标，也可以在"开始"菜单中打开运行程序。其主界面如图 7-31 所示。

图 7-29　一键安装

图 7-30　更改默认路径与立即安装

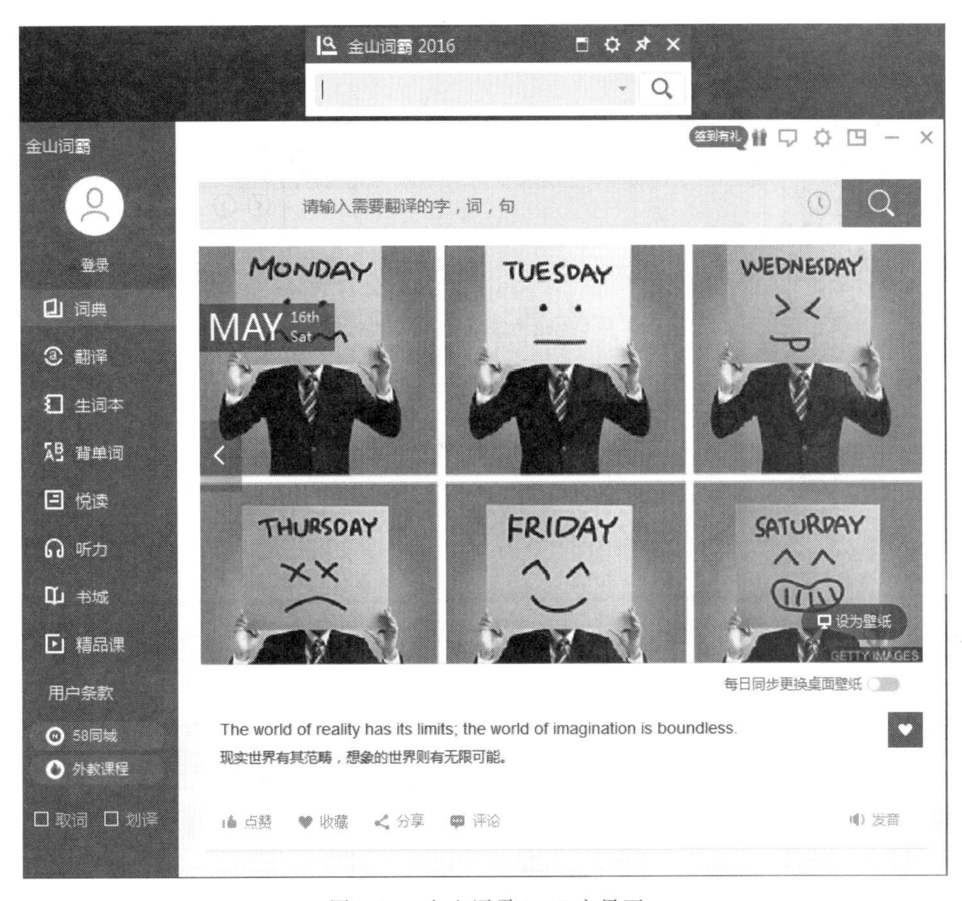

图 7-31　金山词霸 2016 主界面

7.4.3　金山词霸的设置

金山词霸 2016 PC 个人版设置分为简洁版设置和主界面设置两种。

1. 简洁版设置方法

打开金山词霸 2016 软件，然后在简洁版中单击“设置”图标进行屏幕取词、划词翻译、生词本、软件设置、切换到悬浮球设置，如图 7-32 所示。

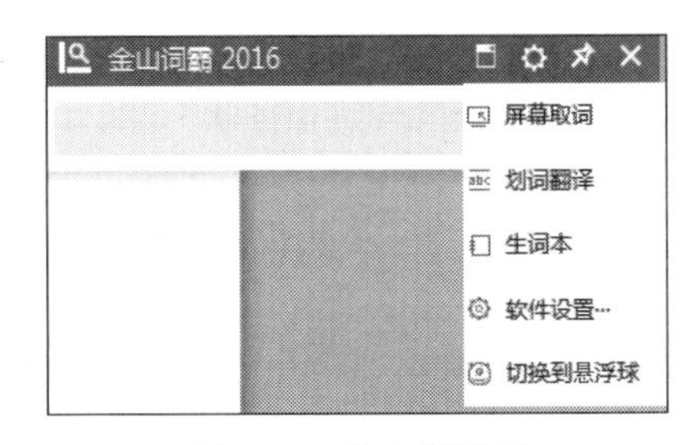

图 7-32　简洁版设置

2. 主界面设置方法

方法一：利用简洁版设置中的“软件设置”命令，打开“设置”对话框，如图 7-33 所示。

方法二：在主界面的右上角单击“设置”图标，打开“设置”对话框，如图 7-34 所示。

图 7-33　设置界面

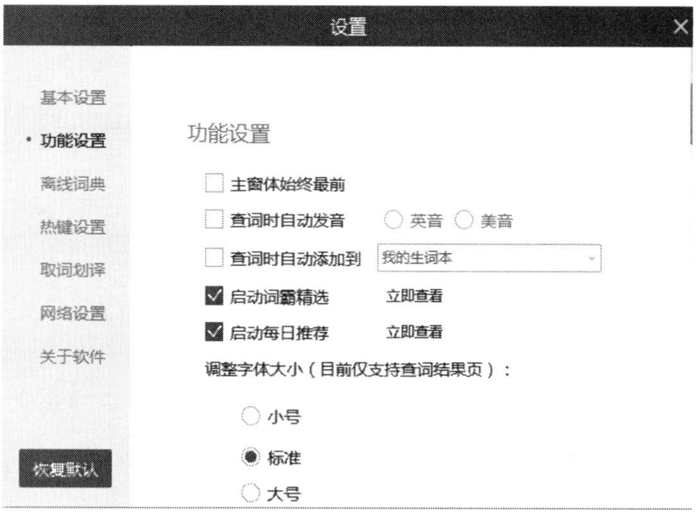

图 7-34　功能设置

通过以上两种方法，可以进行基本设置、功能设置、离线词典、热键设置、取词划译、网络设置、关于软件、恢复默认。

1）基本设置

进行开机自动启动、关闭主窗口时的状态设置，主窗口皮肤颜色设置，主窗口功能设置，如图 7-33 所示。

2）功能设置

功能设置如图 7-34 所示。

3）离线词典设置

在没有网络的时候，软件可对词语进行离线翻译，但是要事先将词典下载至本地，如图 7-35 所示。

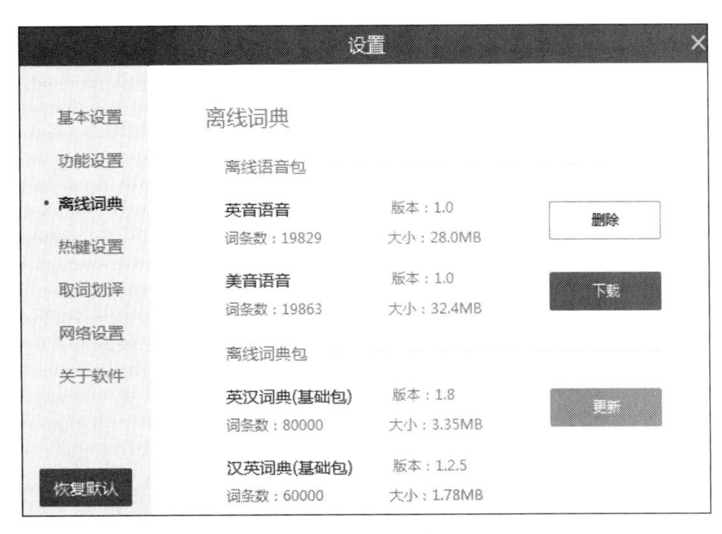

图 7-35　离线词典设置

4）热键设置

热键设置是指根据个人习惯可设置相应功能的快捷键，如图 7-36 所示。

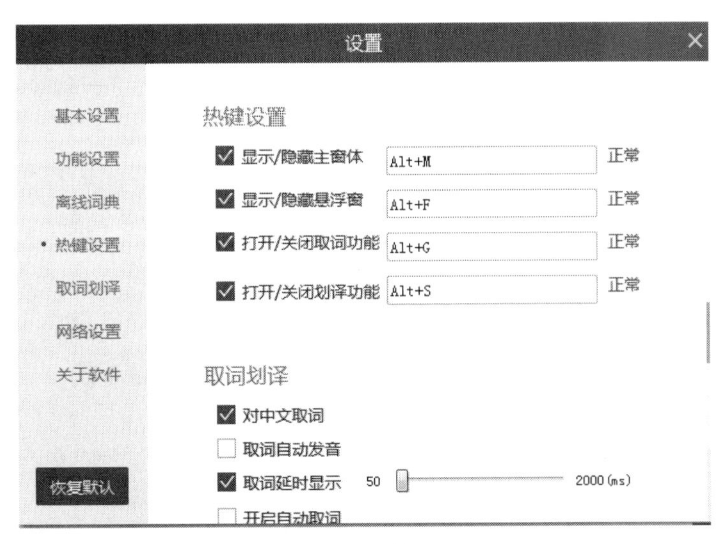

图 7-36　热键设置

5）取词划译设置

取词划译是指在任意软件或文档打开后，将鼠标指针放置到指定词语处，将按照延时显示翻译内容，设置界面如图 7-37 所示。

6）网络设置

网络设置主要目的是提供流畅网络支持，以更好地进行在线翻译，如图 7-38 所示。

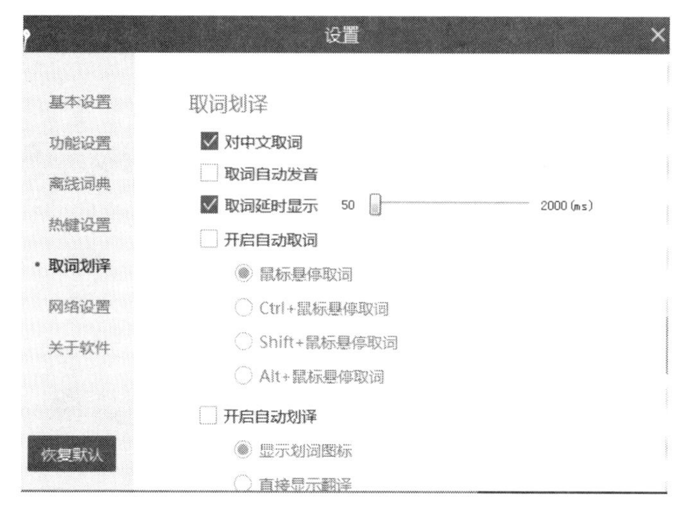

图 7-37　取词划译设置

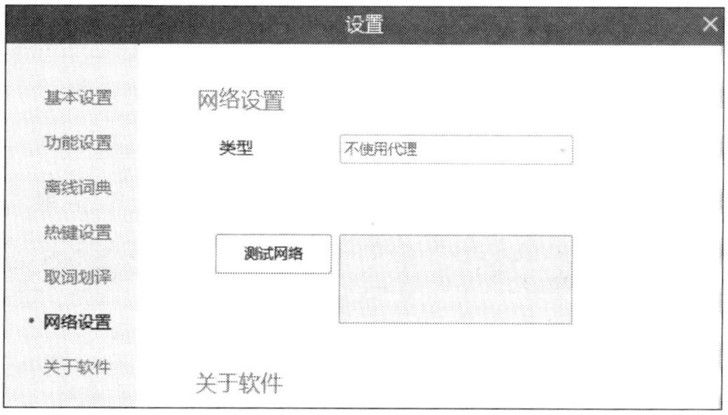

设置
基本设置
功能设置
离线词典
热键设置
取词划译
网络设置
关于软件
网络设置
类型 不使用代理
测试网络
关于软件

图 7-38　网络设置

7）关于软件

关于软件主要介绍软件功能特点，以及软件更新，如图 7-39 所示。

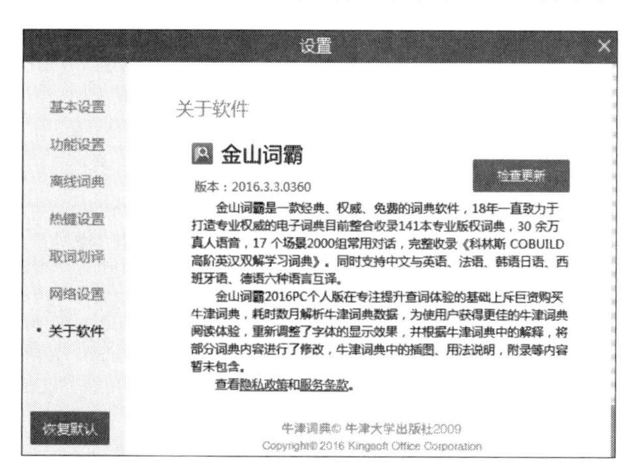

图 7-39　软件更新及介绍

8）恢复默认

恢复默认是指将恢复为软件安装后第一次使用时的设置。

7.4.4 金山词霸的词典查询

方法一：打开金山词霸简洁版。可以在输入框中输入要翻译的语句，输入中文默认翻译成英文，输入英文默认翻译成中文，如图 7-40 所示。

图 7-40　金山词霸简洁版词典查询

方法二：在主界面中翻译单词，从左侧边栏中选择“词典”，然后在主界面上面的输入框中查词，如图 7-41 所示。

图 7-41　主界面词典查询

7.4.5 金山词霸的互译功能

在主界面中翻译语句，从左侧边栏中选择“翻译”，在“原文”输入框中粘贴或输入要翻译的英文或中文，单击“翻译”按钮就可以出现句子的翻译结果，如图 7-42 所示。

图 7-42　互译功能窗口

说明：软件默认为自动检测原文语言，也可以更换为中与英、德、西、法、日、韩互译；还可以通过人工翻译，但是需要付费。

7.4.6 屏幕取词和划译

1. 取词和划译设置

(1) 通过简洁版上的按钮设置取词和划译，如图 7-43 所示。

图 7-43　设置取词和划译

(2) 在主界面左下角处勾选两项功能，如图 7-44 所示。

☑取词 ☑划译

图 7-44　主界面左下角勾选处

2. 使用方法

取词：对记事本中词语进行翻译，将鼠标指针移至词语处等待后将出现翻译结果，如图 7-45 所示。

图 7-45　取词

划译：使用鼠标选中文字后，移动到出现的“翻译”浮动图标处，出现翻译结果，如图 7-46 所示。

图 7-46　划译

说明：取词和划译的方式可以在“设置”中进行更改。

7.4.7　生词本

金山词霸除了单词查词功能，用得比较多的是金山词霸的生词本功能。将生词加入生词本的方法是在查出单词时，右击“加入生词本”按钮 即可加入默认的生词本当中，结果放入默认的“我的生词本”中，单击可以进入查看，如图 7-47 所示。

图 7-47　生词本

说明：也可以通过鼠标左键单击将生词加入默认的生词本当中。

7.4.8　背单词

(1) 打开金山词霸 2016 PC 个人版，在左上角先登录，在主界面左侧单击“背单词”，此时呈现出各类型等级的“考试词表”，如图 7-48 所示。

图 7-48　登录后的背单词窗口

（2）以“托业考试必备”为例，单击此处后弹出“我们一起背单词吧！”窗口，选择“第 1 课”，进入学习选课单元，如图 7-49 所示。

图 7-49　选课开始学习

（3）学习完后，将鼠标指针移至“马上测试”按钮，选择测试方式，以“中英连连看”为例进入窗口，进行测试，如图 7-50 所示。正确结果会进行连线，如图 7-51 所示。

图 7-50　选择测试方式

图 7-51　测试结果

7.5　随身翻译工具软件

随身翻译工具软件是运行在手机 Android 平台和 iOS 平台上的一款 App。用户使用本款软件就可以随时随地进行语音翻译、文本翻译等，是旅行、学习、商谈必备的工具。

7.5.1　出国翻译官简介

出国翻译官是一款集旅游攻略和外语翻译多功能于一体的应用，它能够为用户提供二十多种外国语言的翻译、学习，而且还有机场、住宿、餐饮、购物等详细的信息供用户浏览，能够为用户提供非常大的方便。

软件的特色如下。

(1) 涵盖各国餐饮、住宿、交通、景区、购物常用短语，图文兼备，点餐问路时再也不用手忙脚乱了。

(2) 翻译的内容可以用语音输出，语速和音量都可以调节。

(3) 针对不同语种精选出常用语供参阅，并且提供了添加收藏功能，用户可以定义个性化的短语以备不时之需。

7.5.2　出国翻译官基本操作及实例

出国翻译官是一款很好用的翻译软件，下面介绍具体使用步骤。

步骤一：下载“出国翻译官”并打开，如图 7-52 所示。

图 7-52 “出国翻译官”主界面

步骤二：App 打开后默认为“智能翻译”，单击底部的语言设置，左边为本国语音，右边为翻译的目标语音，打开后如图 7-53 所示。也可以在其中直接切换各国语音，以“中文—英语”为例。

图 7-53 切换各国语音

步骤三：通过上一步骤设置后，按住底部红色本国语音按钮录音后释放，进入识别中，识别成功后将中文转换为英文并且显示在屏幕中，同时用语音播放；同样方法将英文转换中文，如图 7-54 所示。

图 7-54　翻译语音结果

说明：

(1) 如果重听转换后的语音，可以在转换结果右侧单击 按钮。

(2) 也可将语音按键换成键盘输入文字进行转换，其方法是单击中间方框中的按钮，如图 7-55 所示。

图 7-55　语音转换为键盘输入文字

出国翻译官 App 操作简单，容易上手，翻译准确率可达到 85%以上，同时也要求用户可以说标准的普通话。

习　题

一、单选题

1. 以下(　　)软件不属于翻译软件。

A. 金山快译　　B. 金山词霸　　C. 金山 WPS　　D. 拍拍易

2. 下列不属于金山词霸所具有的功能的是(　　)。

A. 屏幕取词和划词　　B. 词典查词　　C. 全文翻译　　D. 用户词典

3. 朗读女工具软件不安装语音库时,(　　)朗读文本。

A. 网络连接　　B. 不需要网络连接　　C. 不可以　　D. 也可以

4. 有道词典工具软件是(　　)公司的产品。

A. 网易　　B. 百度　　C. 搜狐　　D. 金山软件

二、判断题

1. 金山快译与金山词霸虽然是同一家公司的子产品,但是两种工具软件不具备互通性。(　　)

2. 金山快译工具软件安装成功后,只能单浮现使用,不可以在其他软件中存在。(　　)

3. 金山词霸 2016 PC 个人版背单词功能不需要登录也可以正常使用。(　　)

4. 随身翻译工具软件目前只能安装在 iOS 系统中。(　　)

三、简答题

1. 在本章中,文字转语音工具软件有哪些?此类工具软件有哪些功能、特点?

2. 常用的翻译工具软件有哪些?至少列举出四种。

3. 金山快译与金山词霸的区别是什么?

4. 金山词霸划词翻译操作的步骤是什么?

5. 出国翻译官工具软件具有哪些特色?

第8章 系统工具软件

相关知识背景

使用一台计算机，一般都想了解计算机各个方面的性能，这时可以使用一些系统测试软件进行测试。而从另一种角度来说，通过测试硬件性能，可以了解计算机系统存在的“瓶颈”，合理配置计算机或方便以后升级；可以根据测试给出的测试结果，合理优化硬件；还可以了解计算机有多大的“能耐”，从而按照实际情况来使用计算机。

计算机操作系统使用时间长了就会出现很多的“系统垃圾”，系统的运行速度会变得很慢，影响使用效率，这时就需要对系统进行优化。

在一些场合有时候需要使用不同的操作系统，而目前只有一台计算机，这个时候可以通过虚拟机软件 VMware Workstation 来解决在一台计算机上使用一个或多个不同操作系统的问题。

主要内容：

☞ 系统测试工具软件的使用

☞ 系统优化工具软件的使用

☞ 虚拟机工具软件 VMware Workstation 的使用

8.1 系统测试工具

与计算机软件类似，手机软件也分为系统软件和应用软件两类。

系统软件指的是负责管理、调度、控制、协调及维护硬件设备，负责对软件系统的管理，支持各种应用软件的开发、运行及管理的程序集。系统软件包括操作系统、语言处理程序等。其中，最基本的就是操作系统。常见的智能手机操作系统有 Android、iOS、Symbian、Windows Phone、Blackberry 等。

系统测试工具一方面可以查看计算机软件、计算机硬件、外设、网络等已安装的其他设备是否已经完美结合在了一起，是否有矛盾或冲突以及不正常工作的地方；另外一方面还可以测试整个计算机系统在处理大规模任务的时候，处理的速度和效率如何，以及是否可以长时间、稳定地工作，从而对整个计算机系统有一个全面的认识。

8.1.1 系统硬件识别工具 EVEREST

EVEREST 是一款全面检测各种硬、软件信息的工具软件，市场上能够见到的硬件它都支持。在检测一台新组装的计算机的实际工作情况方面，EVEREST 是一款比较常用的测试工具，能够把检测到的信息保存为各种形式的文件，方便查看。EVEREST 主界面如

图 8-1 所示。

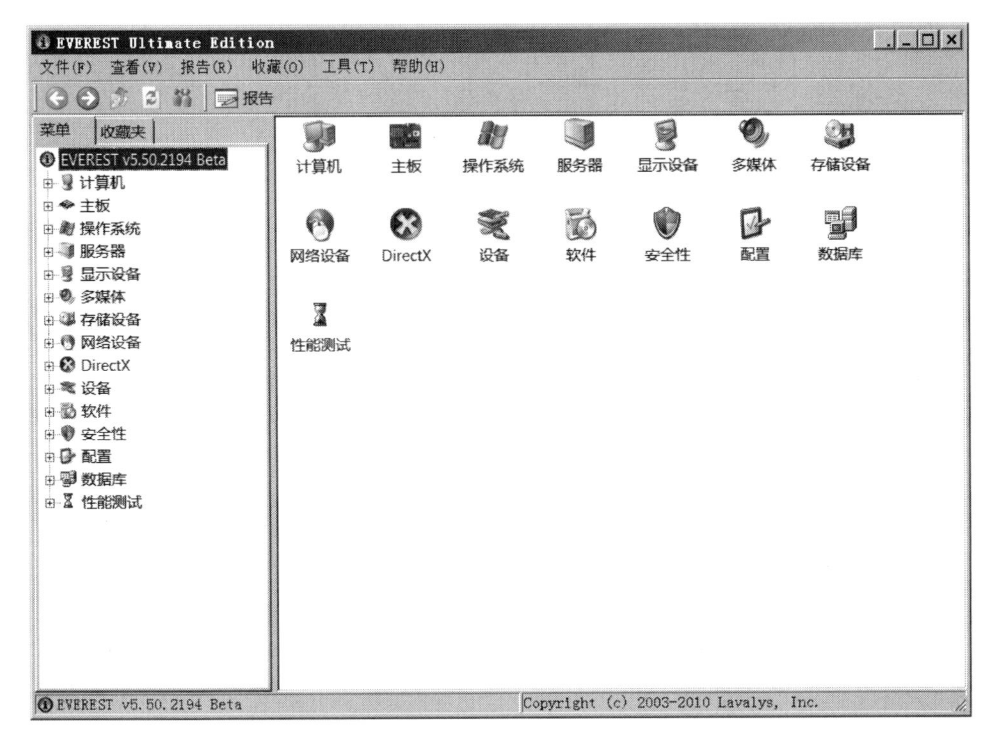

图 8-1　EVEREST 主界面

1. 选择计算机主测试项目进行初步检测

选择“计算机”主测试项目，在分支项目中选择“概述”信息，右边窗口即是本机各部分的简明信息。从中可以看出操作系统版本、DX 版本、CPU 型号(包括外频与倍频)、主板型号(包括芯片组和扩展槽的数量型号)、显示卡型号及显示器型号等基本信息。

2. 查看 CPU 的信息

选择“主板”主项目，在 CPU 中可以看到 CPU 的型号、版本号、支持指令集、晶体管数量、电压以及功耗等详细信息，如图 8-2 所示。

3. 查看主板信息

在“主板”分支中可以查看到主板芯片组的封装、型号、扩展槽的数量、支持的内存频率等信息。

4. 查看 SPD 信息

在“主板”分支中可以查看到内存模块所能运行的最快速度。

5. 查看 BIOS 信息

在 BIOS 中有 BIOS 的版本、日期和生产商的信息，如果 BIOS 版本太老，还会及时给出更新的建议。

6. 查看操作系统信息

在“操作系统”主项目中可以查看到关于 DirectX 版本、IE 版本等常规信息。

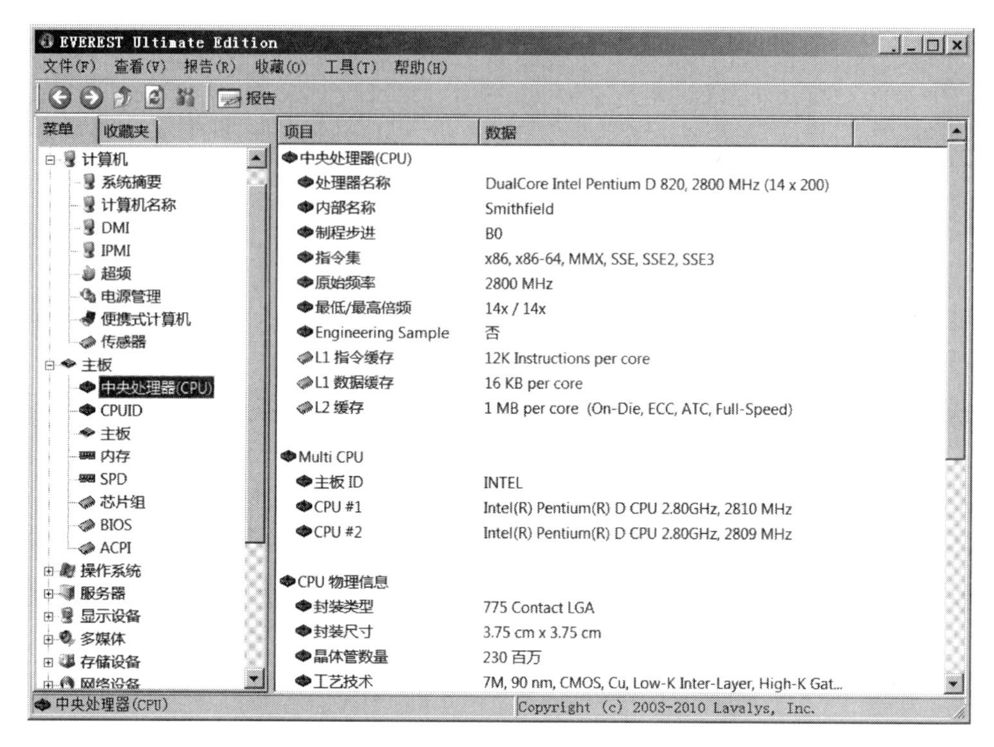

图 8-2 CPU 详细信息

8.1.2 计算机性能测试工具

CPU 是计算机的核心部件，相当于人的大脑，其运行速度决定了计算机整体性能，可以通过一些软件测试计算机的性能。

1. wPrime

wPrime 是一款通过算质数来测试计算机运算能力等的软件（特别是并行能力）。例如，可以选择计算 32M 的数据，测试计算机计算所需的运行时间，如图 8-3 所示。

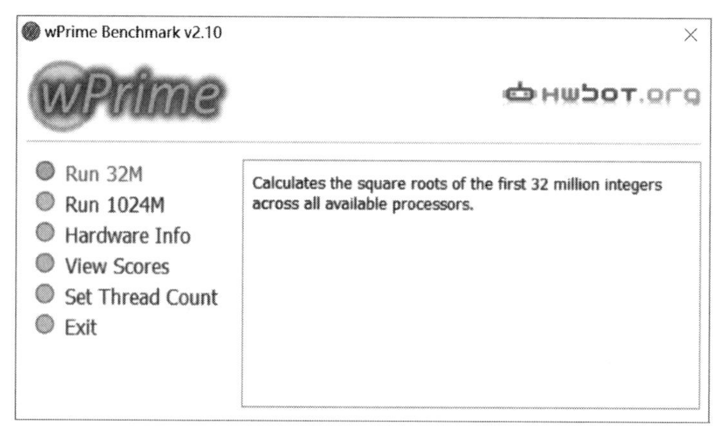

图 8-3 wPrime 主界面

当测试完成后，可以选择 View Scores，显示计算成绩为 21.004，即完成计算所需的时间 21.004s，如图 8-4 所示。

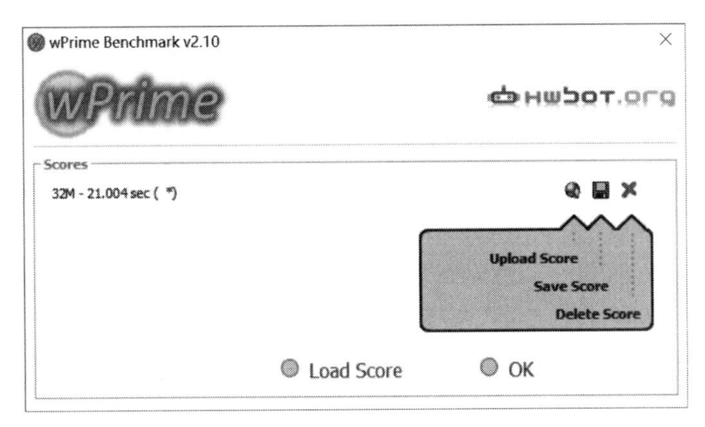

图 8-4　计算完成时间

2. 国际象棋

国际象棋基准测试是《国际象棋高手》游戏软件的一部分，该测试软件在计算机性能测试方面已经获得国际认可。

国际象棋基准测试可以让 X86 计算机可以模拟完成 IBM“深蓝”当初所做的事情，对国际象棋的步法进行预测和计算。虽然现在的个人计算机依然无法与十多年前 IBM 的“深蓝”相提并论，并且无论是在处理器架构方面、节点方面还是 AIX 操作系统方面都有很大的差距，但是国际象棋基准测试依然是目前在个人计算机方面最好的步法计算和预测软件，同时也可以使用户对等地看到目前所使用的个人计算机到底达到了一个什么样的水平。该软件还给出了一个基准参数，就是以 P3 1.0GHz 处理器、每秒运算 48 万步的性能为基准，例如，以下测试结果表示目前的计算机运行速度是 P3 1.0GHz 的 CPU 的 11.45 倍，如图 8-5 所示。

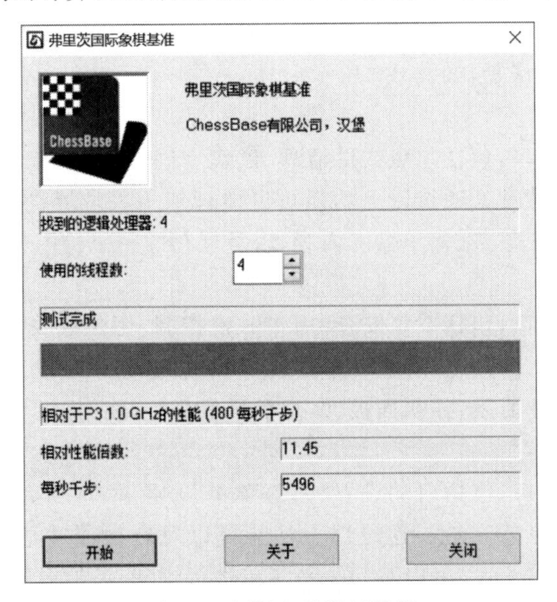

图 8-5　国际象棋测试结果

8.2 系统优化工具

为使计算机系统始终保持最佳状态，可通过计算机优化软件清理各种无用的临时文件，释放硬盘空间；清理注册表里的垃圾信息，减少系统错误的产生，阻止一些不常用程序开机自动执行，以加快开机速度，加快上网和关机速度，或进行计算机系统的个性化设置。

8.2.1 什么是注册表

注册表是 Windows 的一个内部数据库，它是微软专门为操作系统设计的一个系统管理数据库。注册表中存放着各种参数，直接控制着系统启动、硬件驱动程序的装载以及一些应用程序的运行，从而在整个系统中起着核心作用。如果注册表受到了破坏，轻者启动运行异常，重者会使整个系统瘫痪。所以运用一般的系统优化软件要特别注意，慎用优化注册表。Windows 的注册表存储当前系统的软硬件的有关配置和状态信息，以及应用程序和资源管理器外壳的初始条件、首选项和卸载数据，还包括计算机的整个系统的设置和各种许可，文件扩展名与应用程序关联，硬件的描述、状态和属性，以及计算机性能记录和底层的系统状态信息，以及各类其他数据。每次启动时，会根据计算机关机时创建的一系列文件创建注册表，注册表一旦载入内存，就会被一直维护着。注册表实际上是一个系统参数的关系数据库，因每次启动都要加载注册表，所以注册表中如果存在大量垃圾数据，会严重影响计算机的运行速度。

8.2.2 Windows 优化大师

Windows 优化大师是一款优化操作系统的软件，可以对 Windows 系统进行全面、有效、安全的检测、优化、清理和维护，让系统始终保持在最佳状态。

下面介绍一下 Windows 优化大师的主要功能。

1. 系统优化

打开"系统优化"窗口，包括系统加速、内存及缓存优化、服务优化、开机关机优化、网络加速、多媒体、文件关联修复，如图 8-6 所示。

2. 系统清理

打开"系统清理"窗口，包括垃圾文件清理、磁盘空间分析、系统盘瘦身、注册表清理、用户隐私清理、系统字体清理。通过以上功能可以清理掉一些垃圾、网络历史痕迹、Windows 使用痕迹、应用软件历史痕迹、表单输入内容，以及保存的密码等内容，如图 8-7 所示。

3. 安全优化

打开"安全优化"窗口，包括系统安全、用户账户控制、用户登录管理、控制面板、驱动器设置、网络共享、Host 文件管理，阻止程序运行等功能，通过以上功能可以实现对一些系统功能使用的限定，例如注册表、控制面板、账户登录信息等，如图 8-8 所示。

4. 系统设置

打开"系统设置"窗口，包括启动设置、右键菜单、开始菜单、系统文件夹、IE 管理大师、网络设置、运行快捷命令等功能。通过以上功能可以对启动项进行设置，可以设置右键菜单，删除一些不用的右键菜单，可以对"开始"菜单进行管理，添加或删除一些菜单项，还可以对系统文件夹进行管理，对 IE 浏览器进行优化与管理，如图 8-9 所示。

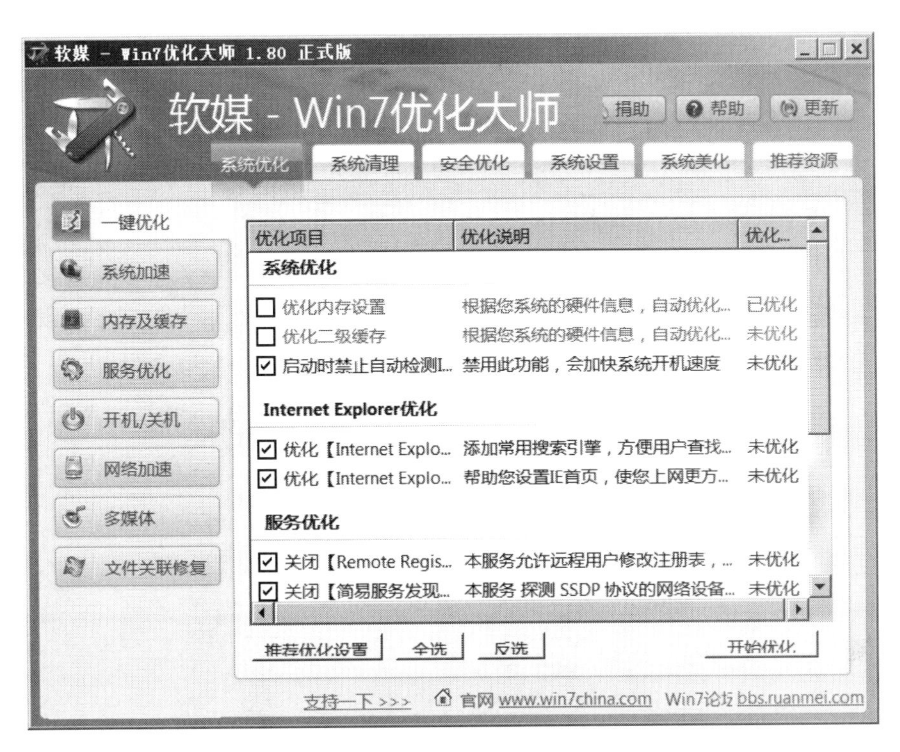

图 8-6　系统优化

系统清理大师 v1.0.0.2

欢迎使用系统清理大师

主页地址 www.win7china.cor　支持社区 bbs.ruanmei.com　帮助　捐助

垃圾文件清理
磁盘空间分析
系统盘瘦身
注册表清理
用户隐私清理
系统字体清理

硬盘：

驱动器	类型	文件系统	容量	剩余空间	剩余空间...
C:\	固定磁盘	NTFS	19.5 GB	8.0 GB	41.0%
D:\	固定磁盘	FAT32	37.1 GB	2.7 GB	7.3%
E:\	固定磁盘	FAT32	27.0 GB	4.5 GB	16.7%
F:\	固定磁盘	FAT32	29.3 GB	2.1 GB	7.2%
G:\	固定磁盘	NTFS	36.1 GB	8.3 GB	23.0%

扫描结果

位置	大小	文件...	修改...

开始查找垃圾　选项　清理文　全选　反选　文件信息　打开位置

系统清理大师

图 8-7　系统清理

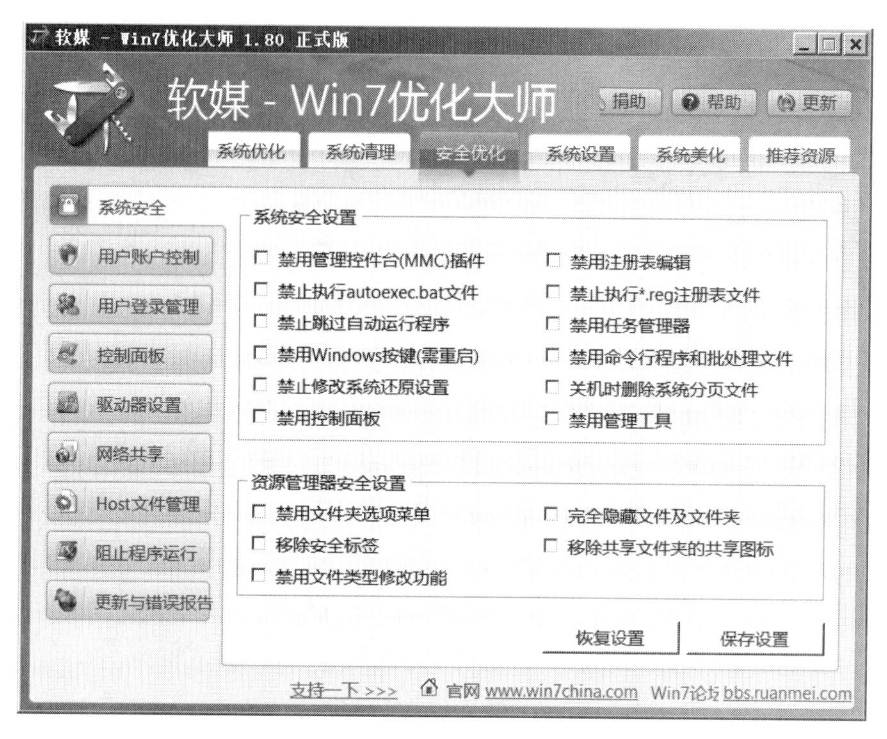

图 8-8　安全优化

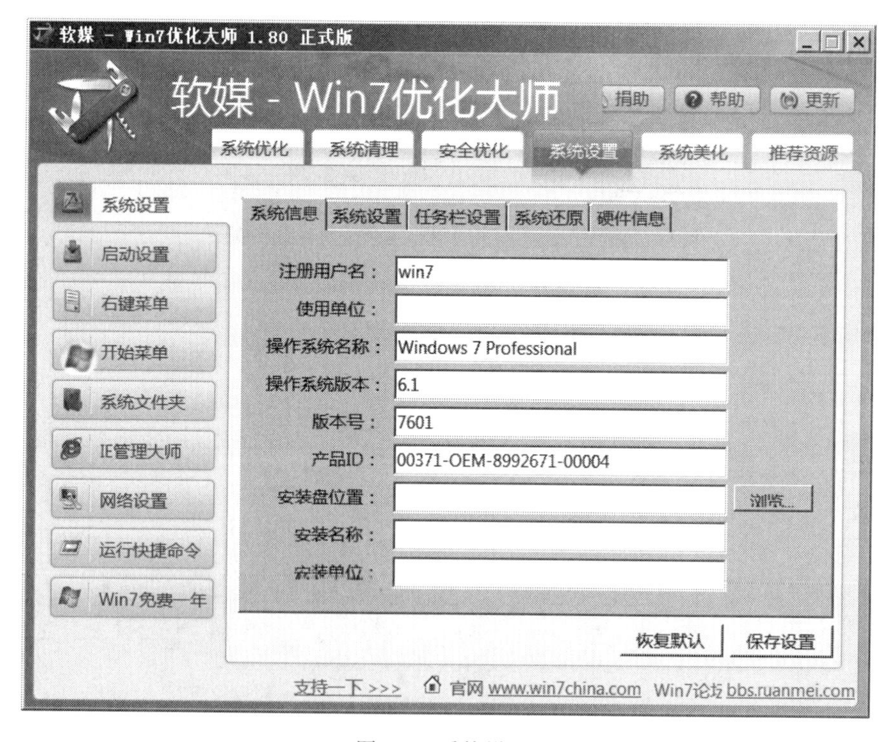

图 8-9　系统设置

8.2.3 超级兔子软件

超级兔子也是常用的系统优化软件。这款软件是完全免费的，功能也非常强大，可以对系统进行全方位的优化和维护，该软件因系统清理方面功能比较突出，被大量计算机用户所使用。

1. 清理痕迹

清理痕迹功能包括清理 IE 使用痕迹，将使用过的登录信息、搜索记录、浏览过的网站信息等相关内容清除，清理软件使用的记录，包括已经打开过文件的超链接等，如图 8-10 所示。

图 8-10 清理痕迹

2. 清理垃圾文件

Windows 下的很多软件都会保留一些最新使用的信息，IE 浏览网页后也会留下大量的缓存文件，久而久之系统就会相当臃肿。因此“清除垃圾”成为需要，只要勾选需要清理的垃圾文件的复选框即可指定清理指定扩展名文件，释放更多磁盘空间，提升系统存储空间使用效率，全面清理注册表无效、冗余的文件，提升系统性能，如图 8-11 所示。

3. 清理注册表

Windows 中一些软件被卸载了，可能信息却还保留在注册表中，形成冗余。清理注册表功能，可以针对诸多无效、冗余、没用的软件信息进行清理痕迹操作使注册表整体瘦身，提高计算机整体运行速度，如图 8-12 所示。

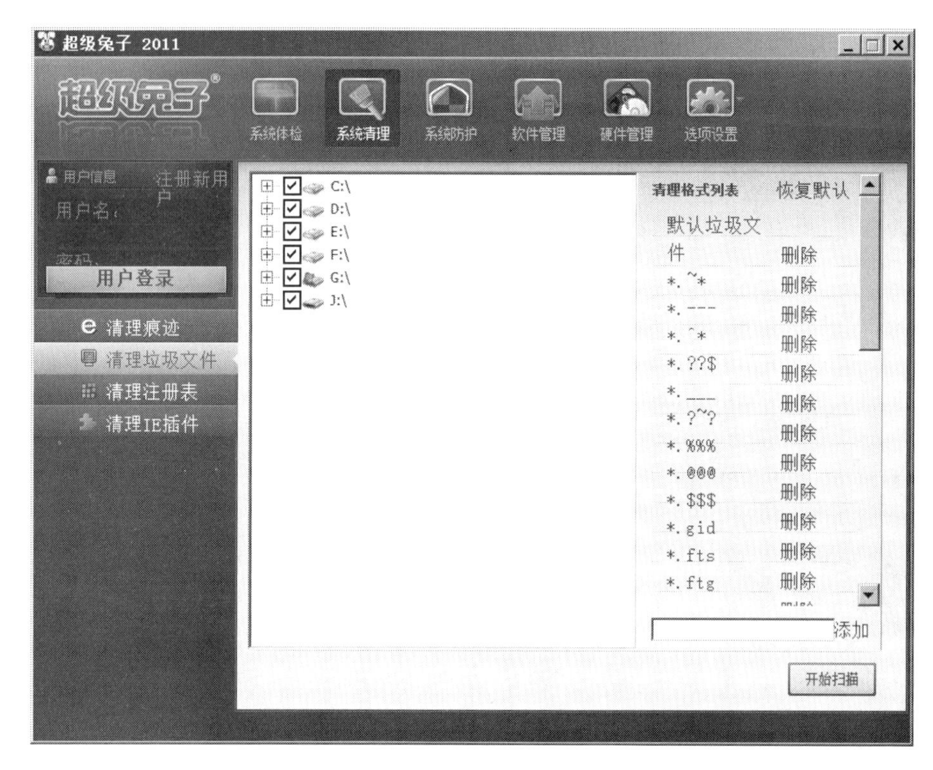

图 8-11　清理垃圾文件

图 8-12　清理注册表

4. 清理 IE 插件

可检测 IE,全面查找、清理浏览器中存在的不常用插件,提高浏览网页的速度,如图 8-13 所示。

图 8-13 清理 IE 插件

8.3 虚 拟 机

8.3.1 什么是虚拟机

虚拟机(Virtual Machine,VM)指通过软件模拟的具有完整硬件系统功能的、运行在一个完全隔离环境中的完整计算机系统。在实体计算机中能够完成的工作在虚拟机中都能够实现。在计算机中创建虚拟机时,需要将实体机的部分硬盘和内存容量作为虚拟机的硬盘和内存容量。每个虚拟机都有独立的 CMOS、硬盘和操作系统,可以像使用实体机一样对虚拟机进行操作。

8.3.2 虚拟机软件 VMware Workstation 简介

VMware Workstation(威睿工作站)是一款功能强大的桌面虚拟计算机软件,提供在单一的桌面上同时运行不同的操作系统和进行开发、测试、部署新的应用程序的最佳解决方案。VMware Workstation 可在一部实体机器上模拟完整的网络环境,以及可便于携带的虚拟机器,其更好的灵活性与先进的技术胜过了市面上其他的虚拟计算机软件。对于企业的 IT 开发人员和系统管理员而言,VMware 在虚拟网络、实时快照、拖曳共享文件夹、支持

PXE 等方面的特点使它成为必不可少的工具,是一款功能强大的桌面虚拟计算机软件。

8.3.3 虚拟机的管理

创建虚拟机一般通过新建虚拟机向导完成此过程可以通过选择计算机磁盘中的操作系统 iOS 镜像文件,创建虚拟机的同时安装操作系统,还可以先创建虚拟机,稍后再安装操作系统。

【案例 8-1】 在当前的系统中通过向导创建可支持 Windows 7 操作系统的虚拟机。

案例实现:

(1) 打开 VMware Workstation 软件,如图 8-14 所示。

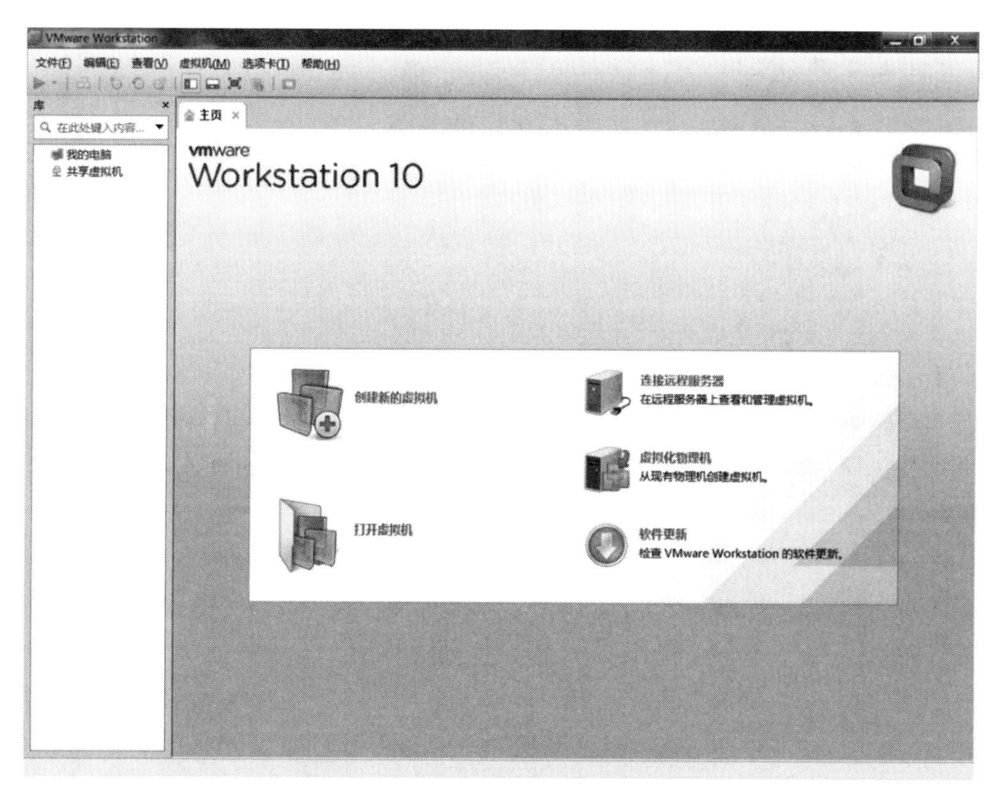

图 8-14 打开 VMware Workstation 软件

(2) 单击“创建新的虚拟机”,打开“新建虚拟机向导”,如图 8-15 所示。

(3) 选择“稍后安装操作系统”单选按钮,如图 8-16 所示。

(4) 选择客户机操作系统和版本,如图 8-17 所示。

(5) 添加客户机名称,选择位置,如图 8-18 所示。

(6) 设置磁盘大小,如图 8-19 所示。

(7) 完成创建,如图 8-20 所示。

(8) 开启此虚拟机,如图 8-21 所示。

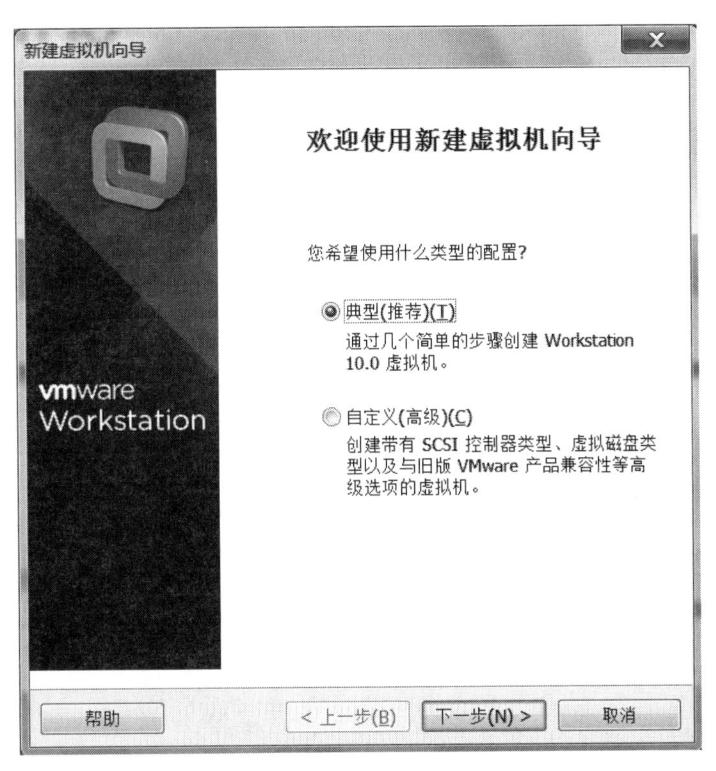

图 8-15　新建虚拟机向导

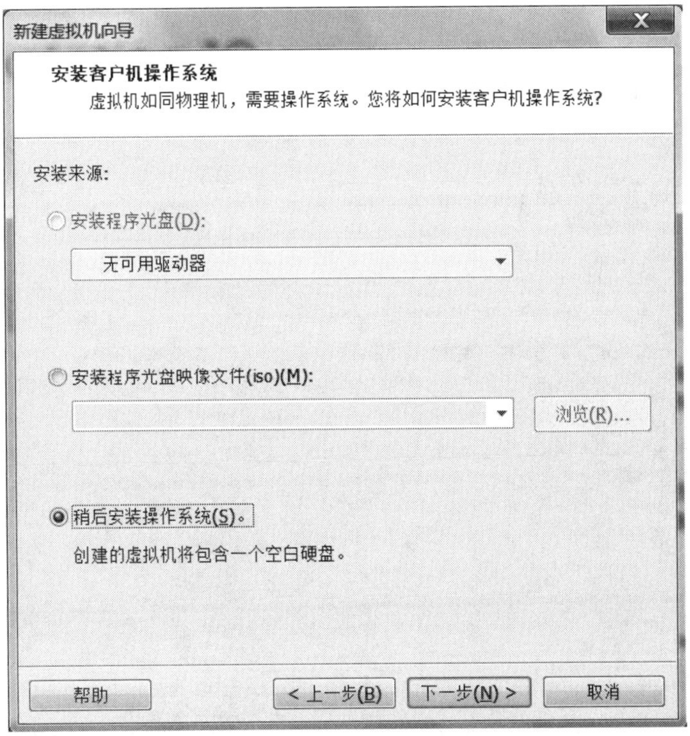

新建虚拟机向导

安装客户机操作系统

虚拟机如同物理机，需要操作系统。您将如何安装客户机操作系统?

安装来源:

安装程序光盘(D):

无可用驱动器

安装程序光盘映像文件(iso)(M):

浏览(R)...

稍后安装操作系统(S)。

创建的虚拟机将包含一个空白硬盘。

帮助　< 上一步(B)　下一步(N) >　取消

图 8-16　稍后安装操作系统

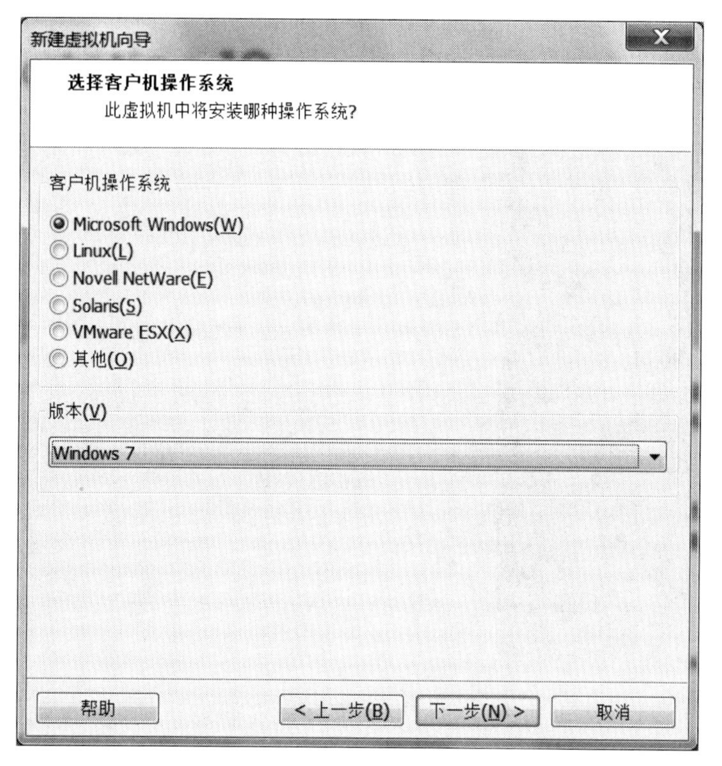

图 8-17　客户机操作系统和版本

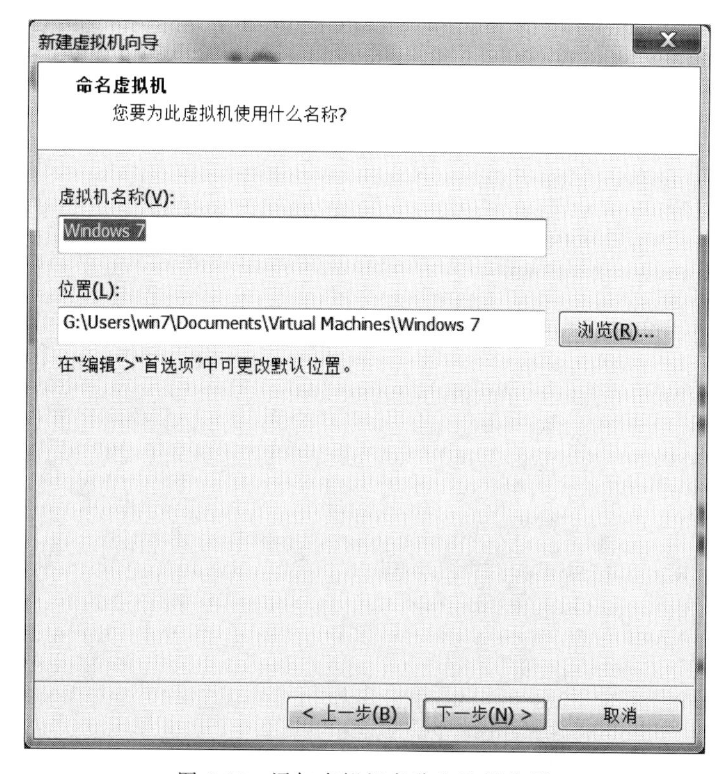

图 8-18　添加虚拟机名称和选择位置

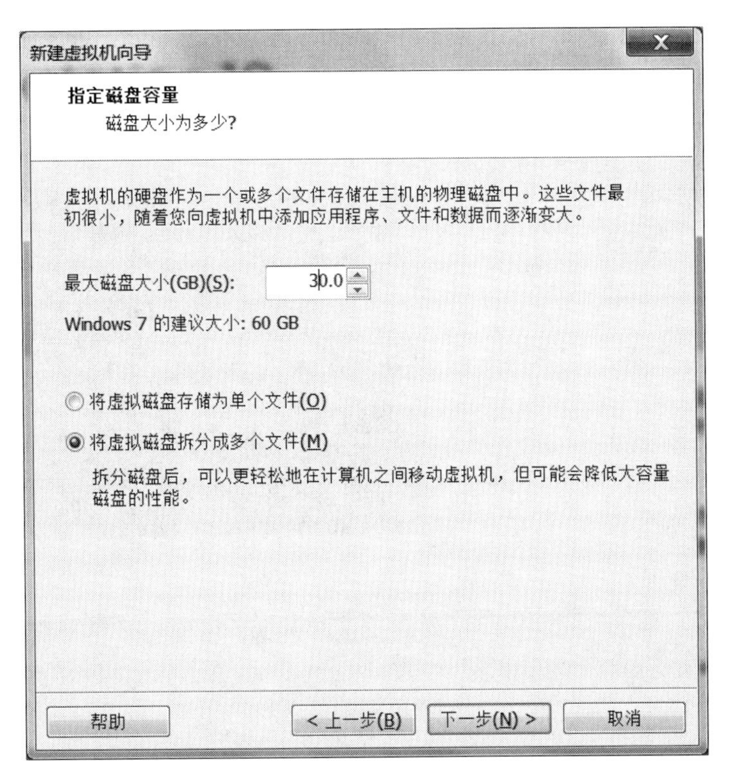

图 8-19　设置虚拟机磁盘大小

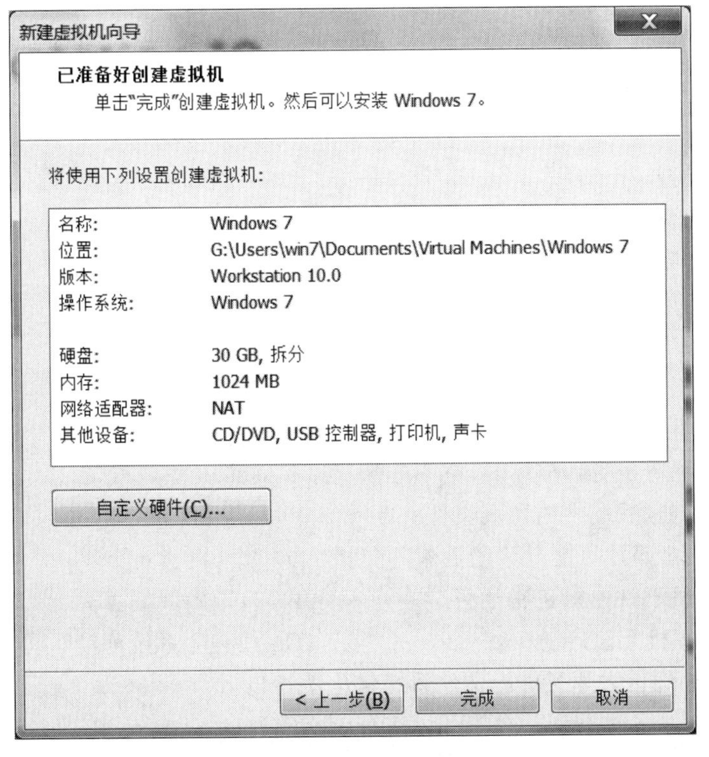

图 8-20　完成创建虚拟机

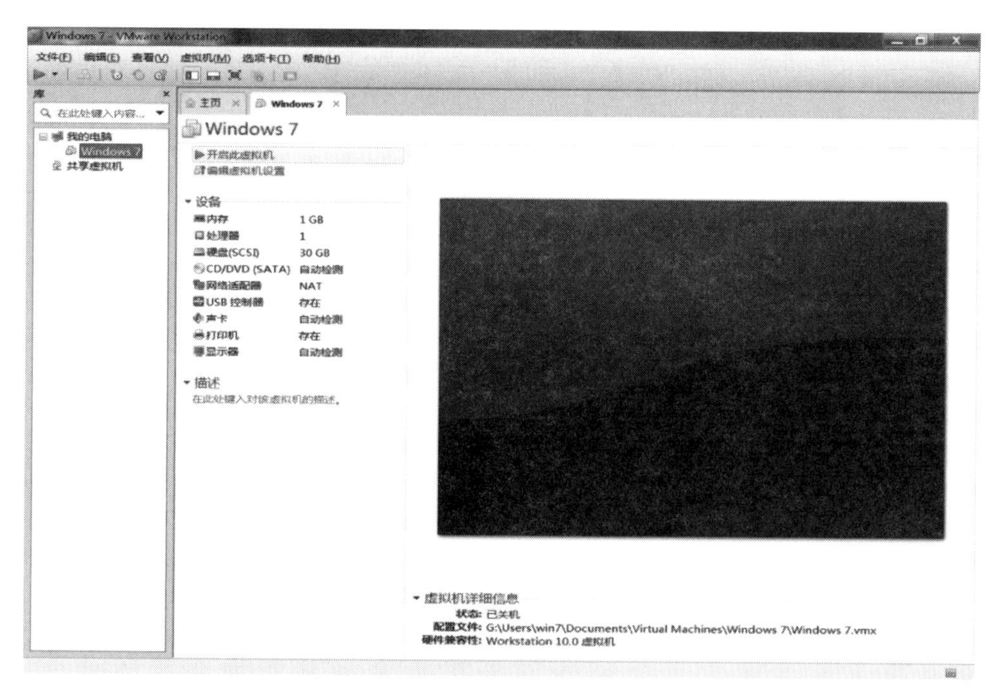

图 8-21　开启虚拟机

习　　题

一、单选题

1. 超级兔子注册表优化工具软件中,提供了备份功能,它备份的是(　　)。
   A. 文件　　B. 注册表
   C. 整个磁盘　　D. 系统文件
2. 大量的磁盘碎片可能导致的后果不包括(　　)。
   A. 计算机软件不能正常运行　　B. 有用的数据丢失
   C. 使计算机无法启动　　D. 使整个系统崩溃
3. 关于超级兔子注册表优化工具软件的说法中,正确的是(　　)。
   A. 它可对注册表进行修改
   B. 它可对注册表进行优化
   C. 当在注册表受到损坏时,它不能恢复原有的注册表
   D. 它可删除系统中的垃圾文件
4. 大量的磁盘碎片可能导致的后果不包括(　　)。
   A. 计算机软件不能正常运行　　B. 有用的数据丢失
   C. 使计算机无法启动　　D. 使整个系统崩溃
5. Windows 优化大师提供的文件系统优化功能包括(　　)。

①优化文件系统类型　②优化 CD/DVD-ROM　③优化毗邻文件和多媒体应用程序

A. ①②　　　B. ③　　　C. ①②③　　　D. ①③

6. 下列方法中,能增加系统硬盘空间的是(　　)。

A. 使用 EVEREST 检测硬件

B. 使用“超级兔子魔法设置”修复 IE

C. 使用“Windows 优化大师”清理磁盘垃圾

D. 使用“Windows 优化大师”增大磁盘缓存

7. 一般造成计算机系统运行缓慢以及性能下降有多种原因,(　　)不会造成系统运行缓慢以及性能下降。

A. 产生的垃圾文件过多

B. 注册表变得非常庞大

C. 计算机硬件配置比较低

D. 大量的垃圾文件存放在系统文件夹内影响检索速度

8. 关于 Windows 注册表,下列说法错误的是(　　)。

A. 注册表只存储了有关计算机的软件信息,硬件配置信息无法保存

B. 注册表是一个树状分层的数据库系统

C. 有些计算机病毒会恶意修改注册表,达到破坏系统和传播病毒的目的

D. 用户可以通过注册表来调整软件的运行性能

9. 下列(　　)不是超级兔子软件的功能。

A. 优化系统　　　B. 上网设置

C. IE 修复专家　　　D. 刻录光碟

10. 关于 Windows 优化大师说法不正确的是(　　)。

A. 可检测硬件信息　　　B. 可备份系统驱动

C. 可制作引导光盘镜像文件　　　D. 可清理系统垃圾

11. 下列(　　)不是 Windows 操作系统自带的优化工具。

A. 碎片整理　　　B. 取消多余的启动项

C. 关闭多余的服务　　　D. Windows 优化大师

二、判断题

1. 对于 Windows 的启动项,禁用一些不必要的启动项,可以提高系统启动速度。(　　)

2. 优化大师就是让系统运行后没有垃圾文件。(　　)

3. 利用 Windows 优化大师不可以加快开机速度。(　　)

4. 利用优化大师可以清理 ActiveX、注册表、系统日志和冗余 DLL。(　　)

5. 在 Windows 优化大师中,开机速度优化的主要功能是优化开机速度和管理开机自启动程序。(　　)

6. 常见的系统垃圾文件有软件运行日志、软件安装信息、临时文件、历史记录、故障转储文件和磁盘扫描的丢失簇。(　　)

7. 注册表直接影响系统运行的稳定性。(　　)

8. 卸载软件采用直接删除安装目录的方式即可。(　　)

9. 安装的软件越多,系统文件夹,如 Windows 文件夹中的文件也越来越多。(　　)

10. 计算机文件长时间使用,会使得文件存放变得支离破碎,文件内容会散布在存储设备的不同位置上,例如光盘、硬盘上的文件。(　　)

11. 可以在同一计算机上同时运行多台虚拟机。(　　)

12. 虚拟机中安装的操作系统可以分配的存储空间可以大于计算机实际物理存储空间大小。(　　)

第9章 安全防护

相关知识背景

随着计算机的广泛应用，计算机用户成几何级增长，计算机病毒、流氓软件、钓鱼网站、黑客纷至沓来，往往令人措手不及。金山毒霸具有病毒查杀引擎，可以提高计算机速度，深度清理计算机垃圾等。360防护软件集电脑体检、木马查杀、清理插件、修复漏洞、清理垃圾、清理痕迹、系统修复等多种功能于一身，可以帮助解决大多数的计算机问题和保障系统安全。本章将对金山毒霸、360安全卫士和360杀毒软件的大多数功能进行阐述和应用。

主要内容：

☞ 金山毒霸安全防护软件的使用

☞ 360安全卫士软件的使用

☞ 360杀毒软件的使用

9.1 金山毒霸

金山毒霸是中国的反病毒软件，从1999年发布最初版本至今由金山软件开发及发行，是国内拥有自研核心技术、自研杀毒引擎的杀毒软件。

金山毒霸防护软件融合了启发式搜索、代码分析、虚拟机查毒等技术，是目前个人计算机中一款常用的安全防护软件。

9.1.1 全面扫描

金山毒霸全面扫描主要功能包括：提高计算机运行速度，检查是否有拖慢计算机速度的问题；检查系统是否存在异常问题；检查系统中是否存在病毒木马；检查是否存在可清理计算机垃圾；检查计算机是否存在防护漏洞。从两个扫描方式所扫描的内容来看，金山毒霸的全盘查杀和全面扫描是有区别的，全面扫描仅扫描了计算机系统是否正常、是否存在木马病毒等；金山毒霸的全面扫描方式还对计算机速度、计算机垃圾、系统漏洞等方面做了扫描，更加全面和彻底。全面扫描功能如图9-1所示。

通过全面扫描可以查出目前计算机中存在的问题，如图9-2所示。

通过一键修复可以修复查出目前计算机中存在的问题，如图9-3所示。

9.1.2 闪电查杀

闪电杀毒是内存、启动项和系统关键目录。闪电查杀是针对系统重要部位进行的快速检测，是相对于全盘查杀而言的、速度较快的一种扫描方式。闪电查杀一般是对于病毒容易

图 9-1　全面扫描

图 9-2　全面扫描反馈的各种问题

攻击的系统文件、内存、系统进程等进行迅速查毒，这样可以使查杀更有针对性，十分高效，如图 9-4 所示。

图 9-3　全面扫描后一键修复

图 9-4　闪电查杀

9.1.3　垃圾清理

计算机使用久了会产生一些系统垃圾，随着垃圾的不断增多，会拖慢系统的运行速度、影响计算机的整体性能，每隔一段时间做一次系统垃圾清理对保证计算机的正常使用是一项必要的操作。使用金山毒霸垃圾清理功能如图 9-5 所示。

图 9-5　垃圾清理

9.1.4　计算机加速

在计算机使用的过程中，随着安装软件的增多，一些软件可能会在用户没留意的情况下被设置成了开机自动启动，或者在上网的过程中可能被安装了一些插件，这些都会拖慢计算机的开机速度。通过计算机加速，把一些不必要的启动项关闭、把一些不常用的插件删除掉，这样可以实现对计算机的加速，如图 9-6 所示。

图 9-6　计算机加速

9.2 360安全卫士

9.2.1 360安全卫士简介

360安全卫士拥有"立即体检""木马查杀""电脑清理""系统修复""优化加速"等多种功能,并使用了"木马防火墙"技术,依靠抢先侦测和云端鉴别,可全面、智能地拦截各类木马,保护用户的账号、隐私等重要信息。目前,木马威胁之大已远超病毒,360安全卫士运用云安全技术,在拦截和查杀木马的效果、速度以及专业性上表现出色,能有效防止个人数据和隐私被木马窃取。

360安全卫士由于自身非常轻巧,使用方便,功能强大,效果佳,用户口碑好,目前已经是计算机用户使用最广泛的计算机防护软件。

9.2.2 "立即体检"功能

打开360安全卫士,就会看到自己的计算机已经很久没有体检过了,单击"立即体检"按钮就可以马上开始。通过"立即体检"功能可以查看目前计算机的状态,如图9-7所示。

图9-7 "立即体检"功能

9.2.3 "木马查杀"功能

木马是一类恶意程序,它通过一段特定的程序来控制另一台计算机。木马通过将自身伪装以吸引用户下载执行,向施种木马者提供打开被种者计算机的门户,使施种者可以任意毁坏、窃取被种者的文件,甚至远程操控被种者的计算机。木马对计算机的危害很大,可能导致包括支付宝、网络银行在内的重要账户密码丢失。木马还可能导致计算机上的隐私文件被复制或者被删除。所以,及时查杀木马是很必要的。“木马查杀”功能可以帮助用户找出计算机中疑似木马的程序,并在取得用户允许的情况下删除这些程序。

打开360安全卫士,“木马查杀功能”就在左上角第二个按钮,单击可以打开“木马查杀”功能窗口,在该窗口中可以选择“快速查杀”“全盘查杀”“按位置查杀”,如图9-8所示。

图9-8 “木马查杀”功能

快速查杀:直接扫描关键性位置,速度快,节省时间。

全盘查杀:扫描全部的文件,虽然速度慢,但是可以彻底扫描出磁盘中的木马文件。

按位置查杀:自定义360去扫描的位置查杀病毒。

在左下角还有如下一些选项。

(1)一组按钮用来设置木马查杀功能。

(2)信任区可写入一些信任的软件以及文件,查杀时会避开那些文件进行查杀。

(3)恢复区可以恢复一些可能被误删的“木马”文件。

(4)上报区也就是向360上报可能存在却未被扫描出来的木马文件。

9.2.4 “电脑清理”功能

1. 什么是垃圾文件

垃圾文件,指系统工作时所过滤加载出的剩余数据文件。虽然每个垃圾文件所占系统资源并不多,但是有一定时间没有清理时,垃圾文件会越来越多。

2. 为什么要清理垃圾文件

垃圾文件长时间堆积会拖慢计算机的运行速度和上网速度,浪费硬盘空间。

3. 如何清理垃圾

360安全卫士的电脑清理功能包括清理垃圾、清理痕迹、漏洞修复、清理注册表、清理插件、清理软件、清理 Cookies 等功能。打开“电脑清理”窗口，可以选择全面清理或单项清理启动清理功能，如图 9-9 所示。

图 9-9 “电脑清理”功能

因为系统软件的缓存需要，每次检测都会检测出许多垃圾，可单击“一键清理”按钮进行清理。

9.2.5 “系统修复”功能

360 安全卫士的“系统修复”功能可以检查计算机中多个关键位置是否处于正常的状态，当遇到浏览器主页、“开始”菜单、桌面图标、文件夹、系统设置等出现异常时，使用系统修复功能，可以找出问题出现的原因并修复问题。在“系统修复”窗口中可以选择“全面修复”和“单项修复”，如图 9-10 所示。

全面修复包括常规修复、漏洞修复、软件修复、驱动修复。

(1) 常规修复：360 会帮助用户检查用户已经能够安装的软件。

(2) 漏洞修复：检测计算机中的漏洞，或者没有安装的补丁。360 把常规修复、漏洞修复以及主页锁定一起合并到了木马查杀中，这样使用起来变得快捷了一些。

(3) 软件修复：检测软件本身是否有漏洞或安全问题。

(4) 驱动修复：检测计算机的驱动程序是否存在问题。

9.2.6 “优化加速”功能

360 安全卫士的“优化加速”功能包括开机加速、系统加速、网络加速、硬盘加速等功能。

打开“优化加速”窗口，可以选择“全面加速”或“单项加速”即可启动优化加速功能，如图 9-11 所示。

随着系统中安装软件的增多，一些软件会成为计算机开机时需要启动的选项，会影响计

图 9-10 “系统修复”功能

图 9-11 “优化加速”功能

算机的开机速度。360 安全卫士扫描后，选择“立即优化”即可实现优化功能。

网络加速功能，通过优化计算机的上网参数、内存占用、CPU 占用、磁盘读写、网络流量、清理 IE 插件等全方位的优化清理工作，快速改善计算机上网卡、上网慢的症结，带来更好的上网体验。

9.2.7 “功能大全”功能

在 360 安全卫士的“功能大全”窗口中，可以使用电脑安全、网络优化、系统工具、游戏优化、实用工具、我的工具等。例如，在“我的工具”选项中可以查看当前计算机已经安装的工具有哪些，如图 9-12 所示。

图 9-12　功能大全

9.3　360 病毒查杀

9.3.1　360 杀毒软件简介

360 杀毒是中国用户量最大的一款杀毒软件，并且是免费的杀毒软件，它创新地整合了五大领先防杀引擎，包括国际知名的 BitDefender 病毒查杀引擎、小红伞病毒查杀引擎、360 云查杀引擎、360 主动防御引擎、360QVM 人工智能引擎。五个引擎智能调度，可以为计算机提供全面的病毒防护，不但病毒查杀能力出色，而且能第一时间防御新出现的病毒木马。360 杀毒还具有轻巧快速、误杀率较低的特点。

360 杀毒独有的技术体系对系统资源占用极少，对系统运行速度的影响微乎其微。360 杀毒还具备“免打扰模式”，在用户玩游戏或打开全屏程序时自动进入“免打扰模式”，拥有更流畅的游戏乐趣。360 杀毒和 360 安全卫士配合使用，是安全上网的常用组合。360 杀毒主界面如图 9-13 所示。

9.3.2　全盘扫描

全盘扫描是对计算机上所有的盘符、所有的软件进行扫描。相比之下，全盘扫描更彻

图 9-13　360 杀毒主界面

底。建议每隔一段时间对计算机全盘扫描一次，通常情况下快速扫描就可以，快速扫描速度快，而全盘扫描速度很慢，如图 9-14 所示。

图 9-14　“全盘扫描”功能

9.3.3 快速扫描

360 杀毒“快速扫描”功能是对系统设置、常用软件、内存活跃程序、开机启动项、磁盘文件做一个扫描，可以在一个较短的时间内对系统做一个检测，可以检查出系统运行中大部分的问题，快速扫描界面如图 9-15 所示。

图 9-15 “快速扫描”功能

9.3.4 360 软件的其他功能

1. 广告拦截

360 杀毒具有拦截技术，可以拦截各类网页广告、弹出式广告、弹窗广告等，为用户营造干净、健康、安全的上网环境。

2. 软件净化

在平时安装软件时，会遇到各种各样的捆绑软件，甚至一些软件会在不经意间安装到计算机中，通过新版杀毒内嵌的捆绑软件净化器，可以精准监控，对软件安装包进行扫描，及时报告捆绑的软件并进行拦截，同时用户也可以自定义选择安装。

3. 杀毒搬家

在杀毒软件的使用过程中，随着引擎和病毒库的升级，其安装目录所占磁盘空间会有所增加，可能会导致系统运行效率降低。360 杀毒新版提供了杀毒搬家功能。仅一键操作，就可以将 360 杀毒整体移动到其他的本地磁盘中，为当前磁盘释放空间，提升系统运行效率。

4. 清理插件

可以给浏览器和系统瘦身，提高计算机和浏览器速度，根据评分、好评率、差评率来管理计算机中的各种插件。

5. 修复 Windows 漏洞

为计算机查找微软官方提供的漏洞补丁,及时修复漏洞,保证系统安全。

6. 对 IE 设置

在上网过程中,用户 IE 浏览器的初始设置可能会被一些恶意程序修改,使用 360 安全卫士可以将其修复。

9.4 U 盘保护工具 USBCleaner

现在使用 U 盘等 USB 设备的场合越来越多,USB 设备感染病毒的概率也越来越大。USB 设备与计算机之间的来回数据交换更是容易引起 USB 设备、计算机以及其他存储工具都受到病毒感染,本节将介绍一款常用的 USB 病毒清除软件。

9.4.1 USBCleaner 简介

USBCleaner 是一款纯绿色的辅助杀毒工具,此软件具有监测两千余种 U 盘病毒、U 盘病毒广谱扫描、U 盘病毒免疫、修复显示隐藏文件及系统文件、安全卸载移动盘符等功能。USBCleaner 主界面如图 9-16 所示。

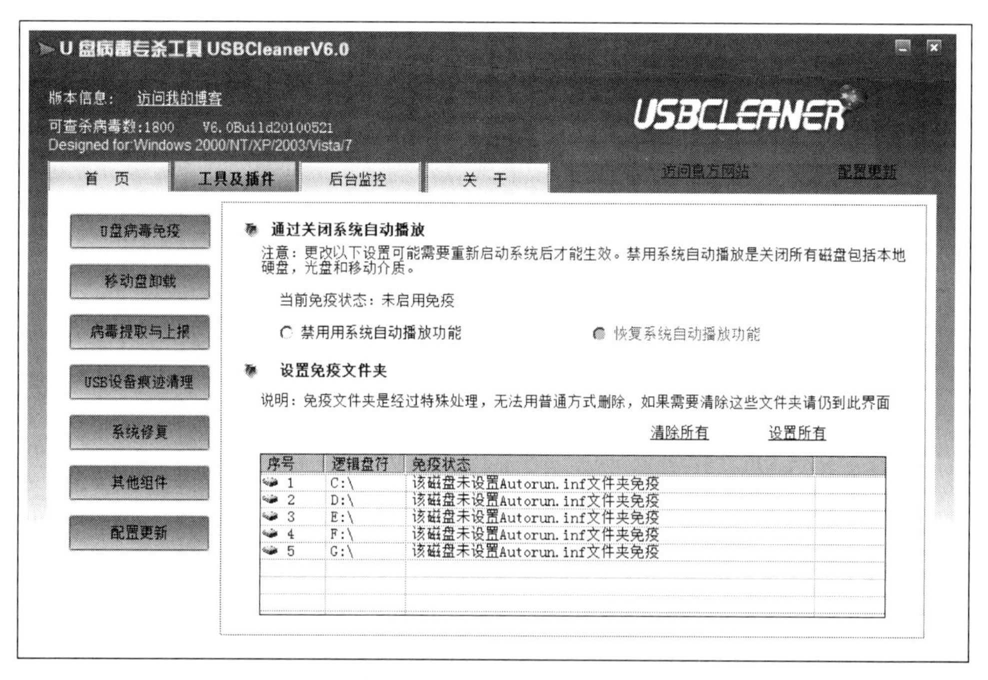

图 9-16 USBCleaner 主界面

USBCleaner 名为 U 盘病毒专杀工具,这里的 U 盘病毒其实是一种泛指,也是不规范的称法,它应该包括 U 盘、移动硬盘、记忆棒、SD 存储卡、MP3、MP4 播放机等闪存类病毒。USBCleaner 是一款杀毒辅助工具,但它并不能代替杀毒软件和防护软件。

9.4.2 U盘病毒检测和免疫

1. U盘病毒检测

U盘病毒检测功能可以全面检测U盘，可精确查杀已知的U盘病毒，并对这些U盘病毒对系统的破坏做出修复。广谱检测可快速检测未知的U盘病毒，并向用户发出警报。移动盘检测、U盘检测、MP3等移动设备的检测模块，要独立使用。

2. U盘病毒免疫

包括两种方案供用户选择，包括关闭系统自动播放与建立免疫文件夹，可自如控制免疫的设置与取消。U盘病毒免疫可以极大地减小系统感染U盘病毒的可能。

9.4.3 USBCleaner的其他功能

1. 移动U盘卸载

帮助卸载某些因文件系统占用而导致的移动U盘无法卸载的问题。

2. 病毒样本提交与上报

方便获取可疑的病毒样本并上报。

3. 系统修复

包括修复隐藏文件与系统文件的显示，映象劫持修复与检测，安全模式修复，修复被禁用的任务管理器，修复被禁用的注册表管理器，修复桌面菜单右键显示，修复被禁用的命令行工具，修复无法修改IE主页，修复显示文件夹选项等。包括独立的某类U盘病毒的清理程序，针对感染全盘的U盘病毒。

4. 常规监控

智能识别U盘病毒实体，并加以防护。

5. 日期监控

对修改系统时间的U盘病毒加以防护，自动检测、设置移动U盘插入时安全打开。

6. U盘非物理写保护

保护U盘不被恶意程序写入数据。

7. 文件目录强制删除

协助清除那些顽固的畸形文件夹目录。

8. auto.exe病毒检测模块

特别针对auto.exe木马设计。

习　　题

一、单选题

1. 杀毒软件可以查杀(　　)。

   A. 任何病毒　　　　B. 任何未知病毒

   C. 已知病毒和部分未知病毒　　　　D. 只有恶意的病毒

2. 当你的计算机感染病毒时，应该(　　)。

   A. 立即更换新的硬盘　　　　B. 立即更换新的内存储器

   C. 立即进行病毒的查杀　　　　D. 立即关闭电源

3. 计算机病毒是(　　)。

A. 计算机系统自生的　　B. 一种人为编制的计算机程序

C. 主机发生故障时产生的　　D. 可传染疾病给人体的那种病毒

4. 对于来历不明的软件,应坚持(　　)的原则。

A. 先查毒,再使用　　B. 先使用,再查毒

C. 无须做任何处理　　D. 不允许使用

5. 使用防火墙软件可以将(　　)降到最低。

A 黑客攻击　　B. 木马感染　　C. 广告弹出　　D. 恶意卸载

6. 关于360杀毒的说法中,正确的是(　　)。

A. 杀毒能检测未知病毒,能清除任何病毒

B. 不能清除压缩包中的病毒

C. 能清除光盘上的病毒

D. 在线升级时无须向软件制作者付费

7. 360杀毒系统升级的目的是(　　)。

A. 重新安装　　B. 更新病毒库　　C. 查杀病毒　　D. 卸载软件使用

8. 计算机病毒是一种(　　)。

A. 软件　　B. 硬件

C. 系统软件　　D. 具有破坏性的程序

二、判断题

1. 360杀毒不能对单个文件进行病毒查杀。(　　)

2. 计算机病毒的主要特征有传播性、隐蔽性、感染性、潜伏性、可激发性、表现性和破坏性。(　　)

3. 360杀毒不能对单个文件进行病毒查杀。(　　)

4. 计算机病毒按其产生的后果可分为良性后果和恶性后果;按其寄生方式可分为文件型和引导型。(　　)

5. 防治计算机病毒的主要方法有定时备份数据、修补软件漏洞、安装杀毒软件和养成良好的习惯。(　　)

6. 360安全卫士中,最常用的功能是修复系统漏洞和清理恶意软件。(　　)

7. 为了防止黑客和其他用户的恶意攻击,可以安装杀毒类软件。(　　)

8. 升级杀毒软件可以采用定时升级、自动升级、手工升级、送货上门升级四种升级方式。(　　)

9. 计算机病毒能够感染所有格式的文件。(　　)

10. 木马是一种远程控制程序,可以用于窃取用户密码,但不能应用于无线网络用户。(　　)

图书资源支持

感谢您一直以来对清华版图书的支持和爱护。为了配合本书的使用，本书提供配套的资源，有需求的读者请扫描下方的“书圈”微信公众号二维码，在图书专区下载，也可以拨打电话或发送电子邮件咨询。

如果您在使用本书的过程中遇到了什么问题，或者有相关图书出版计划，也请您发邮件告诉我们，以便我们更好地为您服务。

我们的联系方式：

地　　址：北京市海淀区双清路学研大厦A座714

邮　　编：100084

电　　话：010-83470236　010-83470237

客服邮箱：2301891038@qq.com

QQ：2301891038（请写明您的单位和姓名）

资源下载：关注公众号“书圈”下载配套资源。

资源下载、样书申请

书圈

获取最新书目

观看课程直播